Prüfung und Berechnung

ausgeführter

Ammoniak-Kompressions-
Kältemaschinen

an Hand des Indikator-Diagramms

von

Gustav Döderlein, Karlsruhe,

Doktor der technischen Wissenschaften

(Doktor-Ingenieur).

München und **Berlin.**

Druck und Verlag von R. Oldenbourg.

1903.

Inhalts-Verzeichnis.

Seite

Einleitung   5

Erster Abschnitt:
    Entstehung und Bedeutung der vier Diagramm-
      abschnitte   9

Zweiter Abschnitt:
    I. Berechnung der indizierten Kälteleistung . . 41
    II. Berechnung der indizierten Arbeit 47

Dritter Abschnitt:
    Indizierter Wirkungsgrad 50

Vierter Abschnitt:
    Ventil- und Leitungswiderstände 64

Fünfter Abschnitt:
    Einfluſs und Wirksamkeit der Kühlflächen . . 87

Sechster Abschnitt:
    Nutzanwendungen 110

1*

Einleitung.

Während das Dampfmaschinen-Diagramm vielseitige Verwendung in der Wissenschaft und Technik zum Studium der Arbeitsvorgänge sowohl, als auch zur Untersuchung und Kontrolle ausgeführter Maschinen findet, wird in der Kältetechnik der Wert des Kompressordiagramms zu analogen Zwecken viel zu wenig gewürdigt.

Seine Verwendung beschränkt sich meist auf die Ermittlung der indizierten Kompressorarbeit bei Garantieversuchen, selten aber wird es zur Kontrolle fertiggestellter Maschinen., zur Berechnung der Leistung, Auffindung von Fehlern etc. benutzt. Der Grund hierfür mag darin liegen, dafs einerseits die Arbeitsvorgänge in der Kaltdampfmaschine verwickelter und aus dem Diagramm schwerer zu erkennen sind, anderseits aber die Wissenschaft sich bisher nur wenig der ausgeführten Maschine selbst und noch weniger dem Indikatordiagramm derselben gewidmet hat.

Professor Dr. v. Linde hat zuerst die Unterschiede zwischen der ausgeführten Maschine und derjenigen, welche der Zeunerschen Theorie zu Grunde liegt, eingehender in seiner Schrift »Über Kältemaschinen von heute« behandelt und insbesondere auf die bis dahin nicht erkannte, wichtige Tatsache der Unterkühlung der Flüssigkeit hingewiesen (Zeitschrift für die gesamte Kälte-Industrie 1894).

Professor Dr. Lorenz hat in seiner Abhandlung »Vergleichende Theorie und Berechnung der Kompressions-Kältemaschinen« [1] sein Studium hauptsächlich dem »nassen und trockenen Kompressorgange« gewidmet und dabei auch auf die wahrscheinliche Überhitzung der Dämpfe bei nassem Kompressorgang hingewiesen.

Durch diese Forschungen ergaben sich ganz neue Gesichtspunkte, welche für manche in der Praxis bereits bekannte, aber theoretisch nicht begründete Erscheinungen Aufklärung brachten. Die hauptsächlichsten Schwierig·keiten bei der rechnerischen Behandlung der ausgeführten Maschinen aber bereiteten einerseits die Unkenntnis der Gesetze über den Wärmeaustausch in den Kondensatoren und Refrigeratoren, anderseits die Unsicherheit über den Verlauf und Charakter der Kompressionskurve bei »trockenem und nassem Kompressorgange«.

Die vorliegende Abhandlung versucht nun, diese Fragen der Lösung näher zu bringen und damit die Erkenntnis der Arbeitsvorgänge in den Kaltdampfmaschinen heutiger Ausführung zu erweitern, insbesondere aber die allgemeine Verwertung des Indikatordiagramms in der Praxis zu erleichtern und zu fördern.

Die Theorie und Konstruktion der heute den Weltmarkt beherrschenden Kaltdampfmaschine als bekannt voraussetzend, sei hier nur daran erinnert, dafs das Maximum der Leistung derselben dann erreicht wird, wenn der arbeitende Stoff (Kältemedium) in der Maschine einen »Carnotschen Kreisprozefs« vollführt.

Der von Professor Dr. Lorenz entwickelte und als Vergleichsideal vorgeschlagene »polytropische Kreisprozefs« mag wissenschaftlich seine volle Berechtigung

[1] Zeitschrift für die gesamte Kälte-Industrie IV. Jahrgang 1897.

haben, hat aber in der Praxis, bereits früher schon an-
gewandte Annäherungen ausgenommen, noch keine
Verwertung gefunden, so dafs für vorliegende Zwecke
an der Zeunerschen Theorie des vollkommenen
Arbeitsprozesses festgehalten werden soll.

Als Kältemedien stehen zur Zeit drei flüchtige
Flüssigkeiten in erfolgreichem Wettbewerb: NH_3, SO_2,
CO_2, wonach man drei Kältemaschinensysteme unterscheidet:

Ammoniak-, Schwefligsäure- und Kohlen-
säure-Kältemaschinen.

Es soll nun an dieser Stelle weder auf die tatsächlich
vorhandenen Unterschiede der theoretischen Leistungs-
verhältnisse, noch auf die praktischen Vor- und Nach.
teile dieser Maschinentypen eingegangen werden, sondern
nur auf die diesbezüglichen klassischen Arbeiten von
Linde, Zeuner, Schröter, Lorenz und anderen hingewiesen werden.

In vorliegender Abhandlung beschränkt der Verfasser seine Untersuchungen auf die Ammoniakmaschine
aus folgenden Gründen:

1. hat dieselbe unstreitbar die weiteste Verbreitung und
   den gröfsten Erfolg errungen;
2. liegen nur für dieses System umfassende, authentische
   Versuchsresultate vor (Versuche des »Polytechnischen
   Vereins« in München);
3. hatte der Verfasser durch seine berufliche Tätigkeit
   vielseitige Gelegenheit zum Studium derselben.

Es wäre zweifellos sehr erwünscht, dafs analoge
Untersuchungen auch für ausgeführte Maschinen anderer
Systeme durchgeführt würden, wodurch sich neue und
wertvolle Anhaltspunkte zur Beurteilung deren Wertig-
keit gewinnen liefsen; insbesondere würden durch die
separate Prüfung der integrierenden Bestandteile der
Maschine die unvermeidlichen Leistungsverluste im
Kompressor, in Ventilen und Leitungen und in den

Wärmeaustausch-Apparaten prägnant hervortreten und sich vergleichen lassen. Leider fehlen hierzu Versuchsergebnisse an guten Maschinen in gleicher Vollständigkeit und Zuverlässigkeit, wie sie für die Ammoniakmaschinen in der Münchener Versuchsstation gewonnen wurden; den Verfasser drängt es um so mehr, auch an dieser Stelle Herrn Professor Schröter für die Überlassung des gesamten Versuchsmaterials seinen Dank auszudrücken.

Erster Abschnitt.

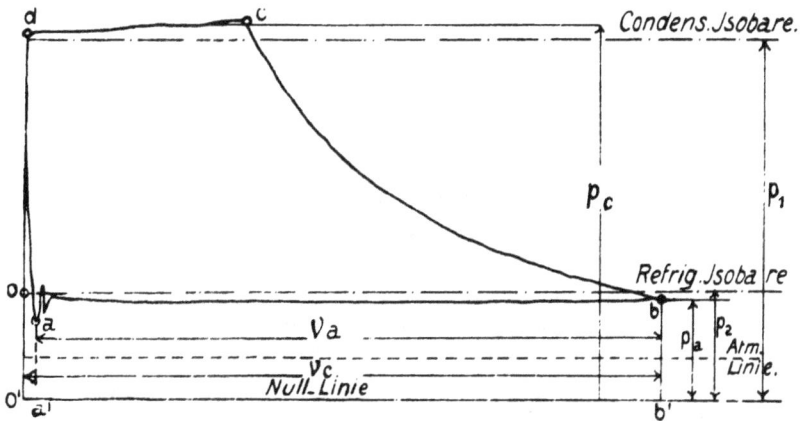

Fig. 1.

Entstehung und Bedeutung der vier Diagramm-
abschnitte.

A. Die Sauglinie ⟨ab⟩.

Auf dem Wege des Kolbens von a nach b werden aus dem Refrigerator Ammoniakdämpfe angesaugt, welche bei ihrer Entstehung die äquivalente Verdampfungs-wärme teils der mit höherer Temperatur, als dem Verdampferdruck entspricht, aus dem Kondensator kommenden Ammoniakflüssigkeit selbst, teils der abzu-kühlenden Sole entziehen, wobei von den Kälteverlusten der Leitungen abgesehen wird.

Die Kälteleistung der Maschine findet also nur während dieser Arbeitsperiode statt, so dafs für die Berechnung derselben die Sauglinie allein Anhaltspunkte bietet.

Die Dämpfe können entweder im nassen, trocken-gesättigten oder überhitzten Zustand in den Kompressor eintreten.

Von der Überhitzung kann ganz abgesehen werden, da das Bereifen der Rohrleitungen für die Führung und Kontrolle der Maschine sehr nützlich ist.

Für die beiden anderen Zustände der angesaugten Dämpfe haben sich nach dem Vorschlage von Lorenz die Bezeichnungen »trockener und nasser Kom-pressorgang« eingeführt.

Der erstere ist bei der gegenwärtigen Konstruktion der Ammoniak-Kältemaschinen bei uns nicht üblich, und zwar mit voller Berechtigung, da einerseits zu hohe Überhitzung geringere Leistungen ergibt[1]) und ander-seits die schwierige Regulierung zu hohe Anforderungen an das Maschinenpersonal stellen würde; es ist daher nur zu untersuchen, welchen Einflufs der mehr oder weniger hohe Flüssigkeitsgehalt der angesaugten Dämpfe während der Saugperiode ausübt.

Die unbekannte Gröfse desselben oder, wissenschaft-lich ausgedrückt, »die spezifische Dampfmenge« aber ist es, welche in die exakte Berechnung der Kälteleistung einen unbequemen und schwierigen Faktor bringt, dessen Bedeutung jedoch meist überschätzt wird.

In Abschnitt II soll versucht werden, eine möglichst einfache Formel für die Berechnung der theoretischen Kälteleistung aus dem Diagramm abzuleiten, welche trotz verschiedener Vernachlässigungen für die Praxis ge-nügend genaue Resultate ergibt.

Wie aus dem Diagramm ersichtlich, ist die Ansauge-linie *ab* annähernd eine Isobare und für gesättigte

---

[1]) Begründung im »dritten Abschnitt«.

Dämpfe auch eine Isotherme, wie sie der Carnotsche Prozeß erfordert. Infolge der Widerstände der Saugleitung und der Ventile liegt dieselbe jedoch niedriger als die dem Refrigeratordruck entsprechende Isobare.

In Abschnitt IV wird die schädliche Wirkung dieser Erniedrigung untersucht werden.

Das Ansaugevolumen stellt sich im Diagramm dar durch die Strecke $a'b'$ und ist, wie ersichtlich, kleiner als das Zylindervolumen $o'b'$. Das Verhältnis $\dfrac{a'b'}{o'b'}$ kann als »sichtbarer volumetrischer Wirkungsgrad«

$$= \eta_v$$

des Kompressors bezeichnet werden.

Dieser volumetrische Wirkungsgrad kann demnach aus jedem Indikatordiagramm direkt ermittelt und für die Berechnung der Kälteleistung verwertet werden.

Seine Größe ist abhängig, außer von den Zylinderdimensionen, von der Größe des schädlichen Raumes, von dem Druckverhältnis und von der Regulierung des Kompressorganges.

Erfahrungswerte von η_v bei gut ausgeführten Maschinen:

Sehr kleine Maschinen (bis 10 000 Kal. Normalleistung)
    0,60 bis 0,80.
Mittlere Maschinen (von 10 000 bis 50 000 Kal. Normalleistung)
    0,80 bis 0,90.
Größere Maschinen (von 50 000 Kal. Normalleistung an)
    0,90 bis 0,98.

B. Kompressionslinie »bc«.

Hält man an der Theorie des nassen Kompressorganges nach Zeuner fest, so müßte die Kompressionskurve mit der Adiabate für nasse Dämpfe identisch sein, und zwar dies unter der weiteren Bedingung, daß die spezifische Dampfmenge am Ende der Kompression $= 1$ ist.

Man nahm bisher an, daſs durch entsprechende Einstellung des Regulierventiles dieser Bedingung bei ausgeführten Maschinen genügt werde, und wurde in dieser Ansicht dadurch bestärkt, daſs die Temperatur der Druckrohre tatsächlich keine Überhitzung erkennen lieſs.

Neuerer Zeit jedoch wurde erkannt, daſs auch bei nassem Kompressorgang die Kompressionskurve von der Adiabate für nasse Dämpfe bedeutend abweiche. Es ist nun für die Untersuchung des Diagramms von groſser Wichtigkeit, den wirklichen Verlauf der Indikatorkurve an den abgenommenen Diagrammen kontrollieren zu können, wozu in folgendem eine bequeme Methode für praktische Zwecke abgeleitet werden soll.

Für den nassen Kompressorgang berechnen sich nach Zeuners Theorie die spezifischen Dampfmengen und Volumina für 1 kg nassen Dampfes der adiabatischen Druckkurve nach den Gesetzen:

$$r_1 + \frac{x_1\,r_1}{T_1} = r_2 + \frac{x_2\,r_2}{T_2} \ \ldots\ldots\ \text{(nach Zeuner).}$$

$$v_n = \sigma + x\,u \ \ldots\ldots\ \text{(nach Zeuner).}$$

Hiervon ist bei der Berechnung der Tabellen I und II (Seite 20 und 21) für 1 kg Dampf und Flüssigkeitsgemisch

bei oberen absoluten Temperaturen $= 293^0\,\mathrm{C}$ und $298^0\,\mathrm{C}$
» unteren » › $= 263^0\,\mathrm{C}$ » $258^0\,\mathrm{C}$
Gebrauch gemacht worden; aber immer unter der Voraussetzung, daſs am Ende der Kompression $x_e = 1$ ist; die Werte von v_n sind in den Tabellen I und II wiedergegeben.

Dieselben wurden dann als Abszissen und die Drücke als Ordinaten in ein Koordinatensystem aufgetragen in Figur 2 deren Schnitte die Punkte der exakten, adiabatischen Kurve für nasse Dämpfe ergeben, welche in der Folge als »nasse Adiabate« bezeichnet werden soll.

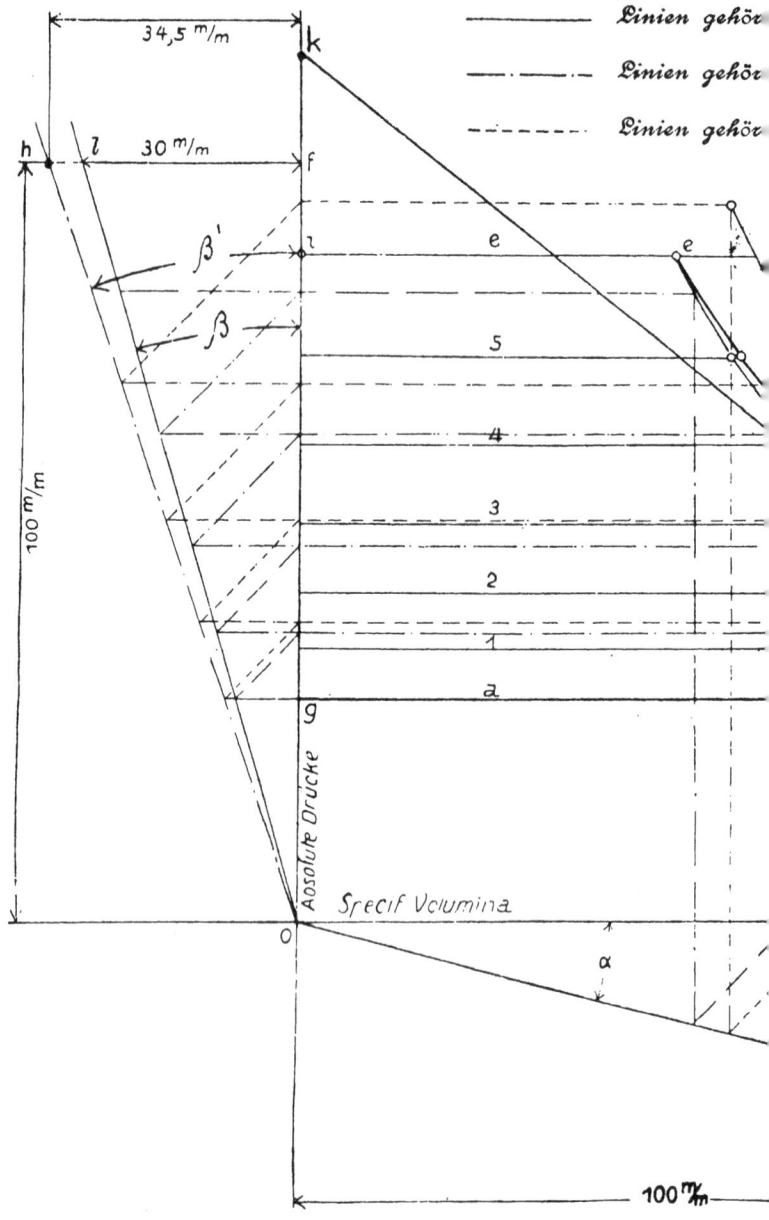

34,5 m/m

k

h l 30 m/m f

Linien gehör
Linien gehör
Linien gehör

β'

β

100 m/m

ℓ e e

5

4

3

2

1

a

g

Absolute Drücke

Specif Volumina

O α

100 m/m

Maßstab = 3 Liter = 1 mm;

struktion d. berechneten nassen Adiabate u. d. Sättigungskurve.

struktion der nassen Adiabate als Polytrope $p \cdot v_n^{1,17} = $ Konst.

struktion der trockenen Adiabate als Polytrope $p \cdot v_t^{1,32} = $ Konst.

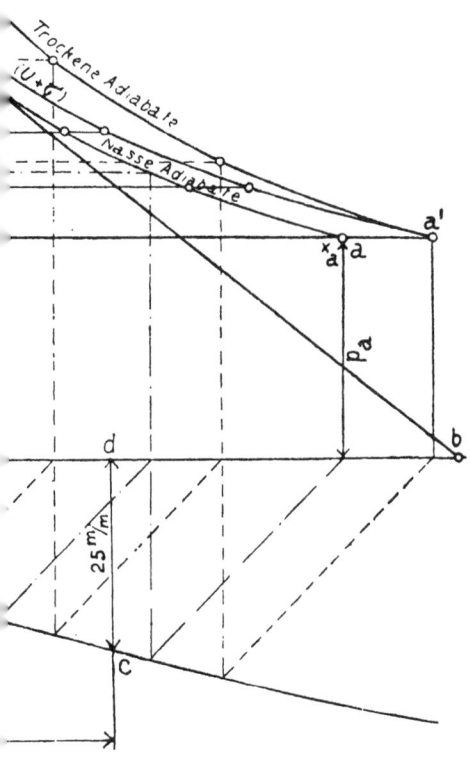

nm.

Diese Konstruktion ist aber sehr unbequem, weshalb versucht wurde, die Adiabate durch eine »Polytrope«

$$p \cdot v^{\mu} = \text{Konstans}$$

zu ersetzen.

Nach bekannter Methode läfst sich der Exponent μ annähernd für einen beliebigen Punkt einer gegebenen Kurve aus dem Verhältnis der Tangentenabschnitte durch die Koordinatenachsen ermitteln.

Auf Figur 2 ist im Punkt 3 eine Tangente an die »nasse Adiabate« gelegt.

Es ist dann $\dfrac{3k}{3b} = \mu$.

Für alle berechneten Punkte wurde dieses Verhältnis ermittelt und aus den Resultaten das arithmetische Mittel gezogen, wodurch sich

$$\mu = 1{,}17$$

ergab.

Aus der Gleichung

$$p \cdot v_n^{1,17} = \text{Konstans}$$

wurden nun auch für dieselben Druckintervalle wie oben die spezifischen Volumina berechnet und die erhaltenen Werte in die Tabelle I eingetragen.

Der Vergleich der beiden, aus der Entropiegleichung und der Polytropengleichung berechneten Werte für gleiche Drücke läfst eine gute Übereinstimmung erkennen.

In Tabelle II sind dieselben Berechnungen und Konstruktionen auch für weitere Temperaturgrenzen 298 und 258° C wiedergegeben. Hier variieren beide Werte von v_n schon beträchtlicher, woraus hervorgeht. dafs μ in Wirklichkeit keine Konstante darstellt, sondern von den Druckgrenzen und damit auch von der anfänglichen spezifischen Dampfmenge abhängig ist.

Diese Veränderlichkeit des Exponenten μ fand auch Zeuner bei seinen analogen Untersuchungen der

»nassen Adiabate. des Wasserdampfes« ausgedrückt durch eine Polytrope von der Form $p \cdot v^\mu =$ Konstans (s. Zeuner, Thermodynamik, 3. Abschnitt, § 10).

Die größten Abweichungen der auf beide Arten ermittelten spezifischen Volumina finden sich bei den mittleren Drücken und betragen im Maximum 1,3 %.

Für die in Betracht gezogenen Druckgrenzen erscheint der Ersatz der »nassen Adiabate« durch die Polytrope

$$p \cdot v_n^{1,17} = \text{Konstans}$$

noch zulässig, welche in sehr bequemer Weise nach der Brauerschen Methode[1]) konstruiert werden kann; für größere Intervalle jedoch müßte ein anderer Exponent μ^1 ermittelt und verwendet werden. Für die folgenden Untersuchungen über den Verlauf der Indikator-Kompressionskurve sind daher nur Diagramme mit obigen zulässigen Druckgrenzen verwendet worden. In Fig. 2 und 3 sind nun die Konstruktionen dieser Polytropen in folgender Weise durchgeführt:

Man errichte auf der Abszissenachse in der Entfernung $o\,d = 100$ mm ein Lot $d\,c = 25$ mm und verbinde o mit c; dann ist $o\,c$ der Schenkel des Winkels α; ebenso errichte man auf der Ordinatenachse in der Entfernung $o\,f = 100$ mm ein Lot $f\,l = 30$ mm und verbinde o mit l, dann ist $o\,l$ der Schenkel des zugehörigen Winkels β für die Polytrope

$$p \cdot v_n^{1,17} = \text{Konstans}.$$

Bei gegebenem Anfangsdruck p_a und für die berechnete, anfängliche spezifische Dampfmenge $x_a = 0{,}915$ (Tabelle I Seite 20) beträgt das Anfangsvolumen

$$v_a = 0{,}915\, u_a + \sigma,$$

wodurch der Punkt a bestimmt ist.

[1]) Siehe Brauersche Konstruktion gesetzmäßiger Expansionskurven von der allgemeinen Form $p\,v^\mu =$ Konstans. Z. d. V. d. I. 1885, Band 29, S. 433 und Zeuner, Thermo-⌣⌣⌣mik I. Teil, S. 149, § 31.

34,5 $^m/m$

Linien gehören zu ...
Linien gehören zu ...
Linien gehören zu ...

h l 30 $^m/m$. f e i e

β'

β

7

6

5

4

3

2

1

a.

100 $^m/m$

Absolute Drücke g

Specif. Volumina

o α

100 $^m/m$

Maßstab = 3

on d. berechneten nassen Adiabate u. d. Sättigungskurve.

on der nassen Adiabate als Polytrope $p \cdot v_n{}^{1,17} =$ Konst.

on d. trockenen Adiabate als Polytrope $p \cdot v_t{}^{1,32} =$ Konst.

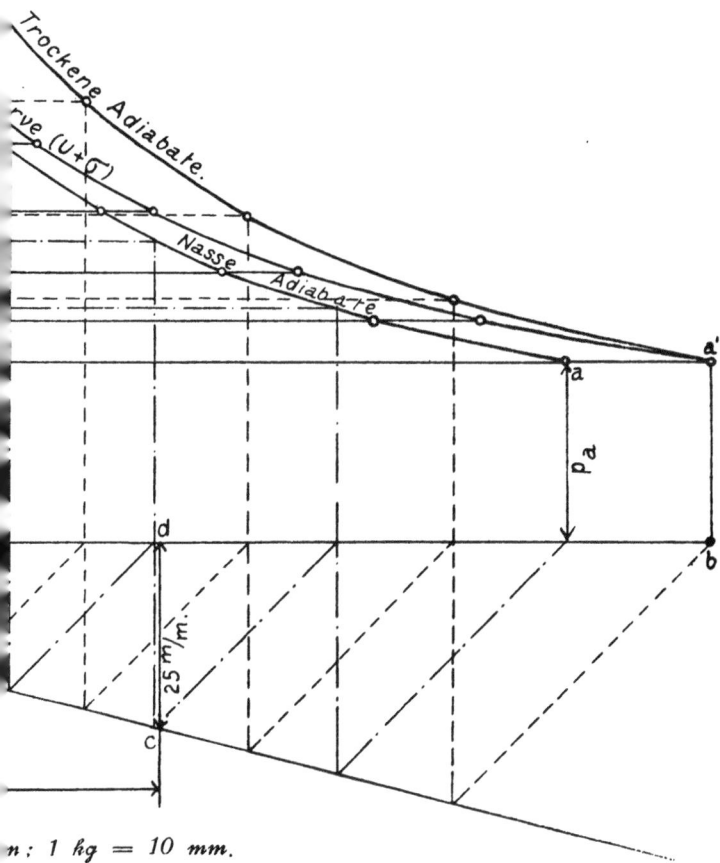

n: 1 kg = 10 mm.

Die strichpunktierten Konstruktionslinien ergeben nun die Punkte dieser polytropischen Kurve.

Wie man sieht, liegen dieselben fast genau auf der »nassen Adiabate« (für welche $x_e = 1$ am Ende der Kompression).

In derselben Weise, aber noch exakter läfst sich die Adiabate für trockene Dämpfe, welche durch die Formel

$$p \cdot v_t^{1,323} = \text{Konstans}$$

gegeben ist[1]), konstruieren, indem das Lot auf der Ordinatenachse $f\,h = 34^1/_2$ mm aufgetragen wird; damit erhält man den Winkel β' und dessen Schenkel $o\,h$ zur Konstruktion der Adiabate der trockenen Ammoniak-dämpfe, welche in der Folge mit »trockene Adiabate« bezeichnet werden soll. In den Diagrammen Figuren 2 u. 3 sind für die anfänglichen spezifischen Dampfmengen

$$x_{a'} = 1$$

der trockenen Adiabate die

spez. Volumina $v_{a'} = u_{a'} + \sigma$

bei den gegebenen Anfangsdrücken p_a wodurch die Ausgangspunkte a' der Konstruktionen bestimmt sind.

In Fig. 2 sind durch die Adiabaten $a\,e$ bezw. $a'\,e'$ und die Linien $i\,g$, $i\,e$ bezw. $i'\,e'$, $g\,a$ bezw. $g\,a'$ nun zwei Diagrammflächen begrenzt, welche die Kompressions-arbeiten für 1 kg Ammoniakdampf darstellen, jedoch unter folgenden Voraussetzungen:

I. Undichtheiten der Kompressororgane seien aus-geschlossen.

---

[1]) Der Exponent $\mu = 1,323$ ist von Zeuner unter der Annahme berechnet, dafs die spez. Wärme bei konstantem Druck $= c_p = 0,50836$ für überhitzte Dämpfe von Ammoniak innerhalb der in der Technik auftretenden Temperaturgrenzen als konstant angenommen werden darf, was die vorliegenden Untersuchungen wiederholt als gerechtfertigt erweisen (siehe Zeuners Thermodynamik 2. Band, S. 31).

II. Schädlicher Raum sei keiner vorhanden (bei der vollkommenen Maschine).

III. Die Zylinderwandungen seien von keinem Einfluſs auf den Arbeitsvorgang.

IV. Der nasse Dampf sei ein homogenes Gemisch von Dampf und Flüssigkeit in feinster Verteilung.

Die Flüssigkeits- und Dampfteilchen können nur differentialen Temperaturunterschied besitzen, da jede Überhitzung des Dampfes sofort die Verdampfung einer äquivalenten Flüssigkeitsmenge verursacht, wodurch die Sättigungstemperatur während des Kompressionsvorganges aufrecht erhalten wird.

Durch Planimetrieren beider Diagrammflächen läſst sich der Inhalt bestimmen und ist für

$$F = i\,g\,a\,e = 4580 \text{ qmm}$$
$$F' = i\,g\,a'\,e' = 5380 \text{ qmm}$$
$$\frac{F' - F}{F'} = \frac{700}{5280} = \text{ca. } 13\,\%.$$

Die Kompressionsarbeit nach der nassen Adiabate ist also um ca. 13% geringer als nach der trockenen.

Sieht man von dem geringen Einfluſs der spez. Dampfmenge auf die Flüssigkeitswärme (s. Seite 44), welche aus dem Kondensator in den Refrigerator gebracht wird, ab, so ist die Kälteleistung von 1 kg zirkulierenden Ammoniaks beim

nassen Kompressorgang $= 0{,}915 \cdot r - q$
trockenen   » $= r - q$

Die Kälteleistung ist also beim nassen Kompressorgang um $0{,}085 \cdot r$ geringer als beim trockenen.

Man erkennt hieraus, daſs der nasse Kompressorgang vorteilhafter wäre als der trockene, wenn obige Voraussetzungen zuträfen. Recht anschaulich stellen sich die Zustandsänderungen während der Kompression nach beiden Adiabaten dar durch Einzeichnen der so-

genannten »Sättigungskurve« in die Diagramme (Fig. 2
und 3). Da das Dampfgewicht im Zylinder konstant
= 1 kg ist, so erhält man für jeden Druck das zu-
gehörige Saugvolumen v_s für $x = 1$ aus

$$v_s = u + \sigma$$

welche Werte in den Tabellen I und II enthalten sind.

Diejenigen Kurvenpunkte, welche links von der
Sättigungskurve liegen, charakterisieren nassen, die rechts
von derselben überhitzten Zustand des Dampfes.

Das Verhältnis der Volumina, begrenzt durch die
nasse Adiabate und durch die Sättigungskurve für dieselbe Ordinate, gibt direkt den Wert der jeweiligen
spezifischen Dampfmenge

$$x = \frac{v_n}{v_s}$$

Aus dem Volumen v_t begrenzt durch die trockene
Adiabate und v_s durch die Sättigungskurve lassen sich
für beliebige Drücke die Überhitzungsgrade t_u berechnen
aus der Formel

$$v_t = v_s \cdot \left(1 + \frac{1}{a_p} \cdot t_u \right)$$

Hierin bedeutet $\frac{1}{a_p}$ den Ausdehnungskoeffizienten
für überhitzten Ammoniakdampf bei konstantem Druck,
welcher leider nur für ähnliche Dämpfe experimentell
bestimmt ist, so daß man mit Zeuner auf die hypo-
thetische Bewertung dieses Wertes nach Ledoux

$$\frac{1}{a_p} = 0{,}0039$$

für atmosphärischen Druck angewiesen ist (Zeuner,
Techn. Thermodynamik, 3. Abschnitt, § 31).

a_p ist aber keine konstante Größe, sondern, wie
für Wasserdampf, durch die Relation ausgedrückt:

$$a_p = \frac{1}{a - \frac{C}{B} p^n} \qquad (p \text{ in Atm/qm})$$

(Zeuner Techn. Thermodynamik, 3. Abschnitt, § 30).

Hierin ist nach Zeuner Techn. Thermodynamik, 3. Abschnitt, § 31:

$$a = 273; \quad C = 0{,}084513; \quad B = 0{,}0050945;$$
$$n = 0{,}3655.$$

Aus dieser Formel wurde a_p für die Drücke der Tabellen I und II berechnet und eingetragen.

Zur Berechnung von t_u hat man außerdem die bekannte Formel

$$\frac{T y}{T_2} = \left(\frac{p_1}{p_2}\right)^{0,2442} = \left(\frac{p_1}{p_2}\right)^{\frac{1,323 - 1}{1,323}}$$

welche aus der angenäherten Gleichung der Adiabate für trocknen Dampf sich ergibt.

Wie wenig die mit beiden Formeln berechneten Überhitzungsgrade t_u voneinander abweichen, zeigen die Zusammenstellungen derselben in den Tabellen I und II.

Von beiden Methoden ist in folgendem bei Berechnung der wirklichen Überhitzungstemperaturen am Ende der Kompression aus den Indikatordiagrammen Gebrauch gemacht worden.

Durch vorstehende Untersuchungen wären nun der Verlauf der Indikator-Kompressionskurve und die dadurch dargestellte Zustandsänderung des arbeitenden Mediums eindeutig bestimmt, wenn dieselben bei der ausgeführten Maschine nicht durch Abweichungen der Wirklichkeit von den theoretischen Voraussetzungen unter I bis IV Seite 15 beeinflußt würden.

ad I. Bei gut ausgeführten Maschinen können die Undichtheiten der Kompressionsorgane in so kleinen Grenzen gehalten werden, daß sie bei den vorliegenden Betrachtungen vernachlässigt werden können;

ad II. Ein schädlicher Raum ist zwar immer vorhanden, beeinflußt aber die Kompressionskurve nicht wesentlich.

ad III. Daſs aber die Wärme-Aufnahme- und -Abgabe-
fähigkeit der Zylinderwandung von erheblichem
Einfluſs auf die Gestaltung der Kompressionskurve sein kann, beweisen die analogen Vorgänge bei der Expansion des Wasserdampfes
in den Dampfmaschinen.

ad IV. Von gröſster Wichtigkeit jedoch ist hier die
Erkenntnis, ob die Voraussetzung IV bei der ausgeführten Kaltdampfmaschine zutrifft, oder ob
trotz genügenden Flüssigkeitsgehaltes des Gemisches
Überhitzung des Dampfes eintreten kann.

Hierüber können aber nur Indikatordiagramme
Aufschluſs geben, welche an ausgeführten Maschinen
bei stark veränderlichem Flüssigkeitsgehalt der
angesaugten Dämpfe abgenommen sind.

Solche Diagramme sind in den Serien I und II
(Seite 23 bis 32) zusammengestellt, von welchen die erste
Diagramme der »Maschine der Brauerei A. Printz in
Karlsruhe«, die zweite solche der »Münchener Versuchs-
maschinen« enthält.

Mit Hilfe der oben ermittelten Konstruktions-
methode lassen sich die nasse und die trockene Adiabate
in jedes Indikatordiagramm ohne Schwierigkeit einzeichnen; nur ist dabei zu berücksichtigen, daſs das
Ansaugevolumen = Zylindervolumen, also für beide
Adiabaten dasselbe ist.

Beim Studium des Dampfmaschinenprozesses benutzt man zu ähnlichen Zwecken die »Sättigungskurve«,
welche auch für die Kaltdampfmaschine die Zustandsänderungen im Diagramm vorzüglich veranschaulichen
würde, wenn das Gewicht des angesaugten Dampf-
gemisches pro Hub genau berechnet werden könnte.
Hierzu fehlt jedoch die Kenntnis des wichtigsten Faktors,
nämlich der spezifischen Dampfmenge am Anfang der
Kompression.

Berechnet man aber für geeignete Diagramme die
anfängliche spezifische Dampfmenge aus der Entropie-

Tabelle I.

Punkte	Absolute Temp. $273 + t$	Absoluter Druck kg/qm	τ Entropie	$\frac{r}{T}$ Entropie	Spez. Dampfmenge z, berechnet aus Entropiegleichung	$v_s = u + \sigma$ cbm/kg	Volumina v_x resp. v_s berechnet aus:			Überhitzungsgrade t_u berechnet aus:		a_p
							$v_n =$ $xu + \sigma$	$pv_n^{1,17}$ $=$ Konst.	$pv_s^{1,333}$ $=$ Konst.	$T_y =$ $\left(\frac{p_1}{p_2}\right)^{0,2448}$	$t_u =$ $\left(\frac{v_x - v_s}{v_s}\right)\frac{1}{a_p}$	
a	263	29 200	− 0,033	1,226	0,915	0,432	0,3954	0,3954	0,432	—	—	—
1	268	35 800	− 0,017	1,192	0,928	0,368	0,3323	0,3322	0,3703	8,5	8,45	247
2	273	43 500	0	1,158	0,940	0,298	0,2802	0,2815	0,3195	16,9	17,2	245
3	278	52 400	+ 0,017	1,124	0,954	0,250	0,2385	0,2401	0,2775	25,5	26,8	243
4	283	62 700	+ 0,033	1,090	0,970	0,211	0,2047	0,2056	0,2420	34,2	35,0	241
5	288	74 500	+ 0,050	1,057	0,980	0,180	0,1764	0,1776	0,2125	42,9	43,0	239
e	293	87 900	+ 0,060	1,023	1,00	0,154	0,1540	0,1542	0,1875	50,9	51,3	237

gleichung für den Fall, daß dieselbe am Ende der Kompression gleich 1 ist, so scheidet man aus der unbekannten, angesaugten Flüssigkeitsmenge diejenige aus, welche nach der Zeunerschen Theorie (dargestellt durch die nasse Adiabate) während der Kompression allein zur Verdampfung gelangen könnte, wenn die Zylinderwandungen keine Wärme abgeben. Die allenfalls überschüssige Flüssigkeitsmenge kann infolge der Kleinheit ihres Volumens vernachlässigt werden. Unter diesen Voraussetzungen wurden die Sättigungskurven bei den Diagrammen Serie I, Perioden II u. III, S. 24 u. 25, für welche obige Annahmen am zutreffendsten

erscheinen, ein-
gezeichnet und
zum Studium der
Kompressions-
kurve verwendet.

Ferner wurden
die Überhitzungs-
temperaturen t_η
am Ende der trok-
kenen Adiabate
nach der Formel

$$\frac{T_\eta}{T_a} = \left(\frac{p_c}{p_a}\right)^{0,2412}$$

berechnet.

Es ist
$t_\eta = T_\eta - 273.$

Mit Hilfe der
Formel

$$\frac{v_1 - v'}{v'} \cdot a_p = d,$$

wobei v_1 das End-
volumen der trok-
kenen Adiabate
und v' dasjenige
der Indikator-
kurve bezeichnet,
berechnet sich der
Unterschied bei-
der Endtempera-
turen $= d$ und
man erhält die
wirkliche Endtem-
peratur im Dia-
gramm $= t'_\eta$ aus

$$t'_y = t_y - d$$

(aber immer unter

Tabelle II.

Punkte	Absolute Temp. $273+t$	Absoluter Druck kg/qm	Entropie τ	Entropie τ	Spez. Dampfmenge x berechnet aus Entropiegleichung	$v_z = u + \sigma$ cbm/kg	Volumina v_z resp. v berechnet aus: v_z zu $+\sigma$	$pv_z^{1,17}$ = Konst.	$pv_z^{1,333}$ = Konst.	Überhitzungsgrade t_u berechnet aus: $\frac{T_y}{T_z}\left(\frac{p_1}{p_z}\right)^{0,2442}$	$t_u = \left(\frac{v_z - v_v}{v_v}\right)\frac{1}{a_p}$	a_p
a	258	23 700	— 0,050	1,259	0,891	0,525	0,4679	0,4679	0,525	—	—	—
1	263	29 200	— 0,033	1,226	0,901	0,432	0,3894	0,3925	0,4482	8,4	9,3	249
2	268	35 800	— 0,017	1,192	0,913	0,358	0,3270	0,3290	0,3841	17,3	17,8	247
3	273	43 500	0	1,158	0,925	0,298	0,2758	0,2785	0,3314	26,3	27,4	245
4	278	52 400	+ 0,017	1,124	0,938	0,250	0,2345	0,2375	0,2878	35,1	36,7	243
5	283	62 700	+ 0,033	1,090	0,953	0,211	0,2011	0,2037	0,2512	44,1	45,7	241
6	288	74 500	+ 0,050	1,057	0,967	0,180	0,1751	0,1758	0,2205	53,2	53,7	239
7	293	87 900	+ 0,066	1,023	0,983	0,154	0,1513	0,1526	0,1945	62,3	62,3	237
e	298	103 100	+ 0,083	0,989	1,00	0,132	0,1320	0,1331	0,1724	71,4	72,0	236

der Voraussetzung, dafs die Zylinderwandungen keinen wesentlichen Einflufs ausüben).

Die mittlere Druckrohrtemperatur, welche für Serie I aufsen am Druckrohr, also immerhin nicht sehr genau gemessen werden konnte, ist mit t_m bezeichnet, die Sättigungstemperatur zum Kondensatordruck mit t_1.

Man erkennt die relative Gröfse des Flüssigkeitsgehaltes der angesaugten Dämpfe:

1. an dem Unterschied der Temperatur der Druckrohre = t_m am Kompressor gegenüber derjenigen im Kondensator = t_1 (letztere am Manometer abgelesen);
2. an dem Verlauf der Expansionskurve »$d\ a$« (Diagramm Fig. 1);
3. an dem Unterschied der Temperaturen t'_{y} und t_m.

ad 1. Geringer Unterschied läfst auf grofsen Flüssigkeitsgehalt, grofser Unterschied auf geringen Flüssigkeitsgehalt schliefsen.

ad 2. Je gröfser der Flüssigkeitsgehalt im Zylinder, um so flacher verläuft die Expansionskurve; bei aufsergewöhnlich hohem Flüssigkeitsgehalt machen sich aufserdem eigentümliche Hacken bemerkbar (s. Diagramm Serie I, Periode I).

ad 3. Solange t'_{y} gröfser ist als t_m, ist auch nach vollendeter Kompression noch Flüssigkeit im Zylinder vorhanden, welche teilweise während des Verdrängens der Dämpfe verdampft und dieselben dadurch abkühlt.

Betrachten wir nun unter diesen Gesichtspunkten die beiden Diagrammserien I und II:

Serie I.

Die Diagramme Periode I bis V wurden an der Ammoniak - Kältemaschine von ca. 150000 Kalorien Normalleistung in der Brauerei Printz in Karlsruhe vom Verfasser abgenommen, wobei die Temperatur der Druckrohre sukzessive gesteigert und gemessen wurde.

Die Diagramme der Periode VI stammen von einer anderen
Maschine von annähernd gleicher Gröſse.

Serie I.

Periode I.

$tm = 23;$ $t_1 = 23.$

$Federmass\ stab = 1\ kg. = 6^{m}/m.$

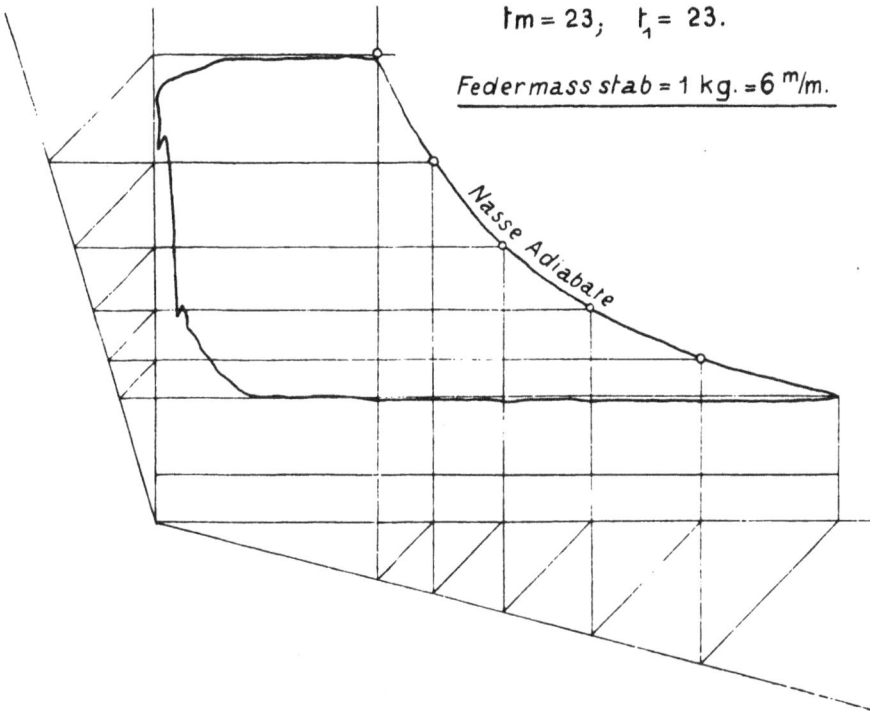

Nasse Adiabate

Periode I.

Die Temperatur der Druckrohre ist identisch mit
der Sättigungstemperatur im Kondensator; die Gestalt
der Expansionskurve, besonders die charakteristischen
Hacken derselben indizieren auſserordentlich hohen
Flüssigkeitsgehalt; die Indikatorkurve fällt mit der nassen
Adiabate ziemlich genau zusammen.

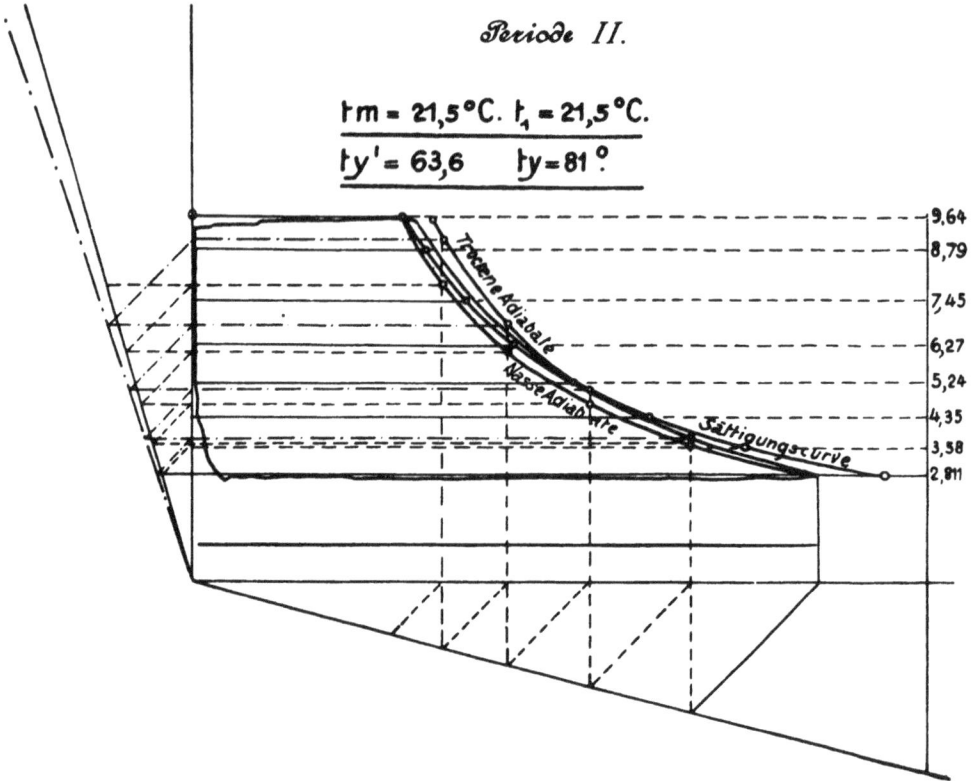

Periode II.

tm = 21,5°C. t₁ = 21,5°C.

ty' = 63,6   ty = 81°.

Trockene Adiabate

Nasse Adiabate

Sättigungscurve

9,64
8,79
7,45
6,27
5,24
4,35
3,58
2,811

Periode II.

Die Gleichheit der Manometer- und Druckrohrtemperatur charakterisiert immer noch einen relativ
grofsen Flüssigkeitsgehalt im Zylinder, aber der Verlauf
der Expansionslinie zeigt, dafs derselbe doch viel geringer ist als vorher. $t'_y - t_m = 42°$ C = Abküblung
während der Verdrängungsperiode. Die Indikatorkurve
schmiegt sich viel mehr an die trockene als an die nasse
Adiabate an.

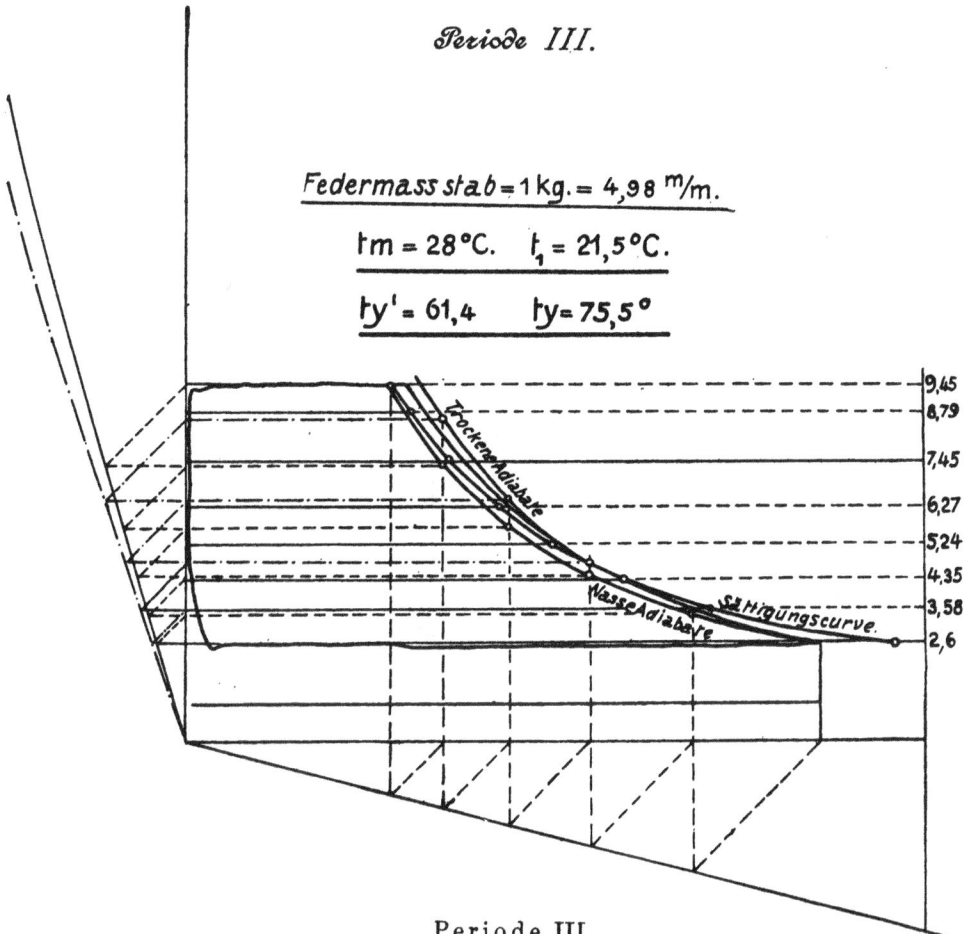

Periode III.

Federmass stab = 1 kg. = 4,98 ᵐ/m.

t_m = 28°C. t_1 = 21,5°C.

t_y' = 61,4 t_y = 75,5°

Periode III.

$t_m - t_1 = 6{,}5^0$ C läfst bereits Überhitzung fühlbar werden; der Einflufs des schädlichen Raumes vermindert sich entsprechend.

$$t'_y - t_m = 33^0 \text{ C.}$$

Der Verlauf der Indikatorkurve unterscheidet sich wenig von dem vorigen.

Periode IV.

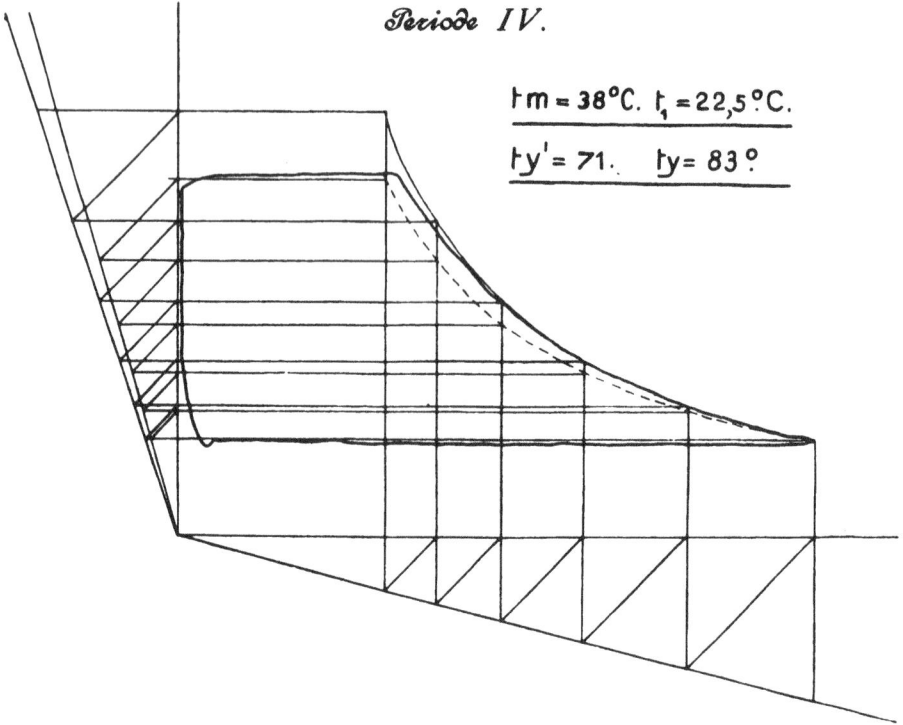

$$\mathsf{t\,m = 38°C.\quad t_1 = 22{,}5\,°C.}$$
$$\mathsf{t y' = 71.\quad t y = 83\,°}$$

Periode IV.

$t_m - t_1 = 15{,}5\,°$ C; die fühlbare Überhitzung wird stärker.

$$t'_y - t_m = 33\,° \text{ C.}$$

Die Abweichung der Indikatorkurve von der trockenen Adiabate wird geringer.

Periode V.

$t_m - t_1 = 27\,°$ C; die fühlbare Überhitzung ist noch mehr gesteigert.

$$t'_y - t_m = 21\,° \text{ C.}$$

Der Verlauf der Kompressions- und Expansionskurven weicht wenig von demjenigen der vorigen
Periode ab.

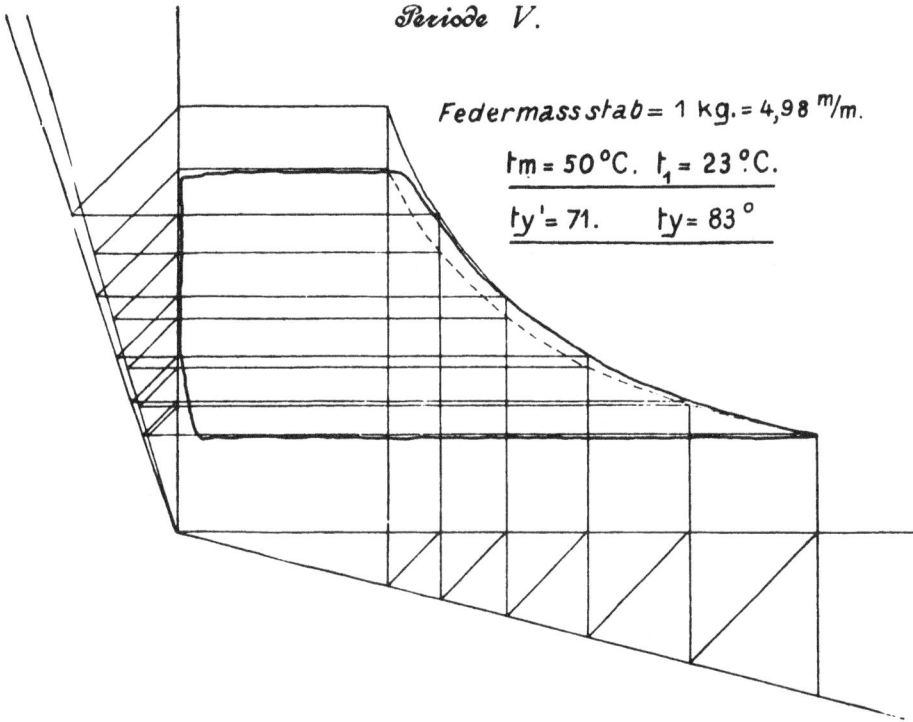

Periode V.

Federmass stab $= 1$ kg. $= 4{,}98\ ^m/m.$

$t_m = 50\,^\circ C.\quad t_1 = 23\,^\circ C.$

$t_y{'} = 71.\qquad t_y = 83\,^\circ$

Periode VI.

Die aufserordentlich hohe Druckrohrtemperatur indiziert sehr trockenen Kompressorgang, und die Indikatorkurve fällt tatsächlich mit der trockenen Adiabate
vollständig zusammen. $t'_{y} - t_m$ ca. $0\,^\circ$ C.

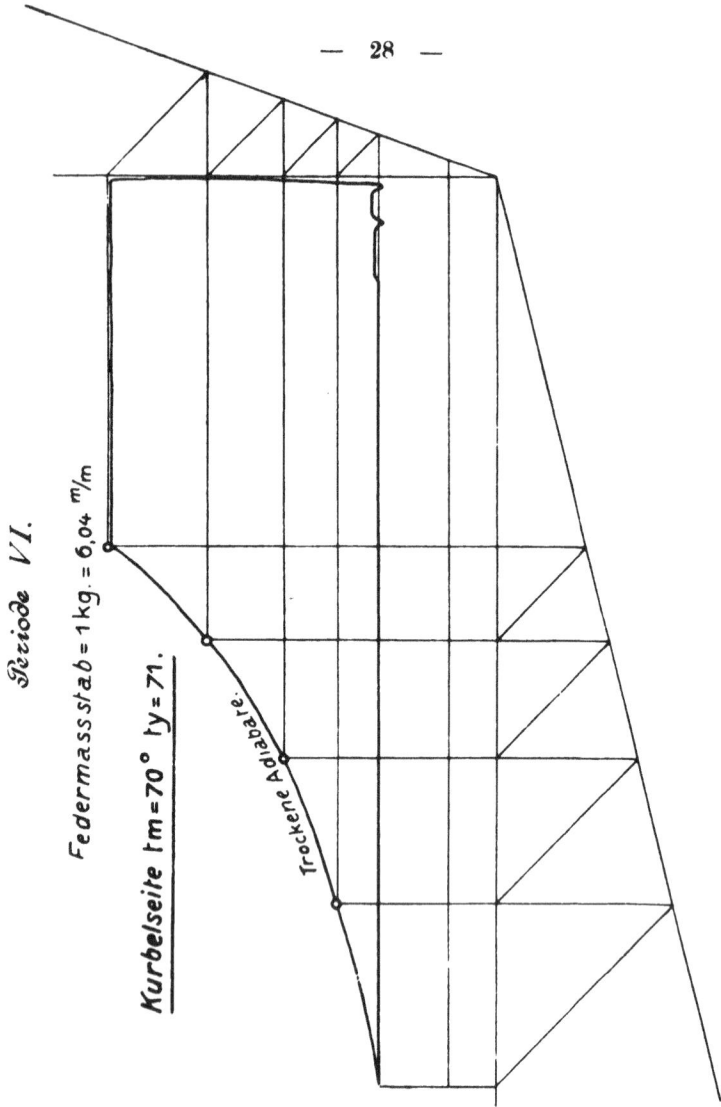

Periode VI.

Federmassstab = 1 kg. = 6,04 $^m/m$

__Kurbelseite__ t_m=70° t_y=71.

Trockene Adiabate.

Serie II.

Die Diagramme sind den Münchener Versuchen entnommen:

1. Mit der Linde-Maschine] 1890 wurde fast ohne fühlbare Überhitzung gearbeitet.

$$t'_y - t_m = 41,5\,^0\,C.$$

Serie II.

Maschine Linde ,1890. Einf.Fläche. Soole temp. -2-5 °C.

$$t_m = ? \qquad t_1 = 21,5\,°C.$$
$$t_y' = 63. \qquad t_y = 76°.$$

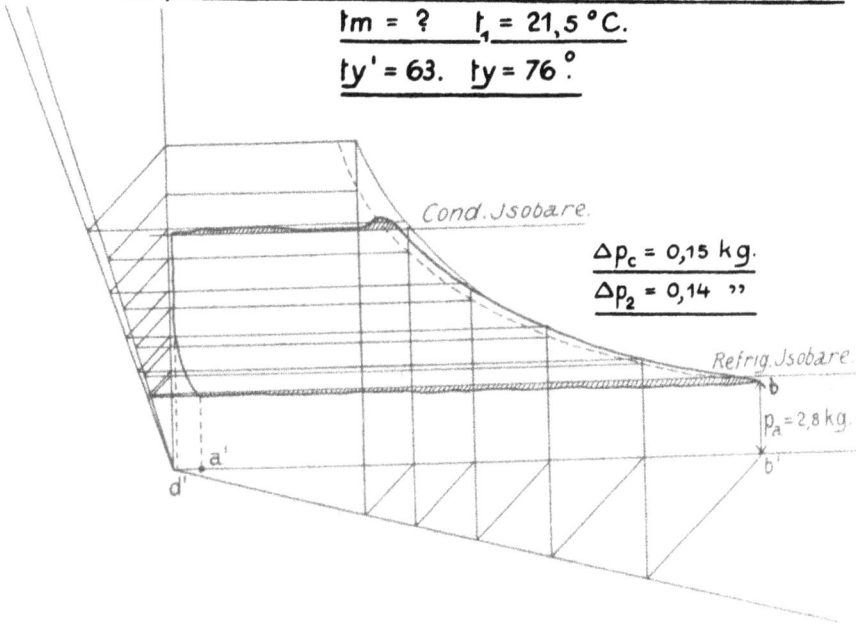

Cond. Jsobare.

$$\Delta p_c = 0,15\ kg.$$
$$\Delta p_2 = 0,14\ ,,$$

Refrig. Jsobare.

$$p_A = 2,8\,kg.$$

Trotzdem schmiegt sich auch hier die Kompressionskurve der trockenen Adiabate ziemlich an.

2. Bei den zweiten Versuchen an der Linde-Maschine 1893 wurde eine Druckrohrtemperatur von ca. 40°C eingehalten.

$$t_m - t_1 = 18,5°; \quad t_y - t_m = 32,5°C.$$

Die Kompressionskurve weicht nur wenig von der trockenen Adiabate ab.

3. Die Nürnberger-Maschine wurde auf nahezu gleiche Druckrohrtemperatur wie die Linde-Maschine 1893 einreguliert.

$$t_m - t_1 = 20,5°; \quad t_y - t_m = 17,6°C.$$

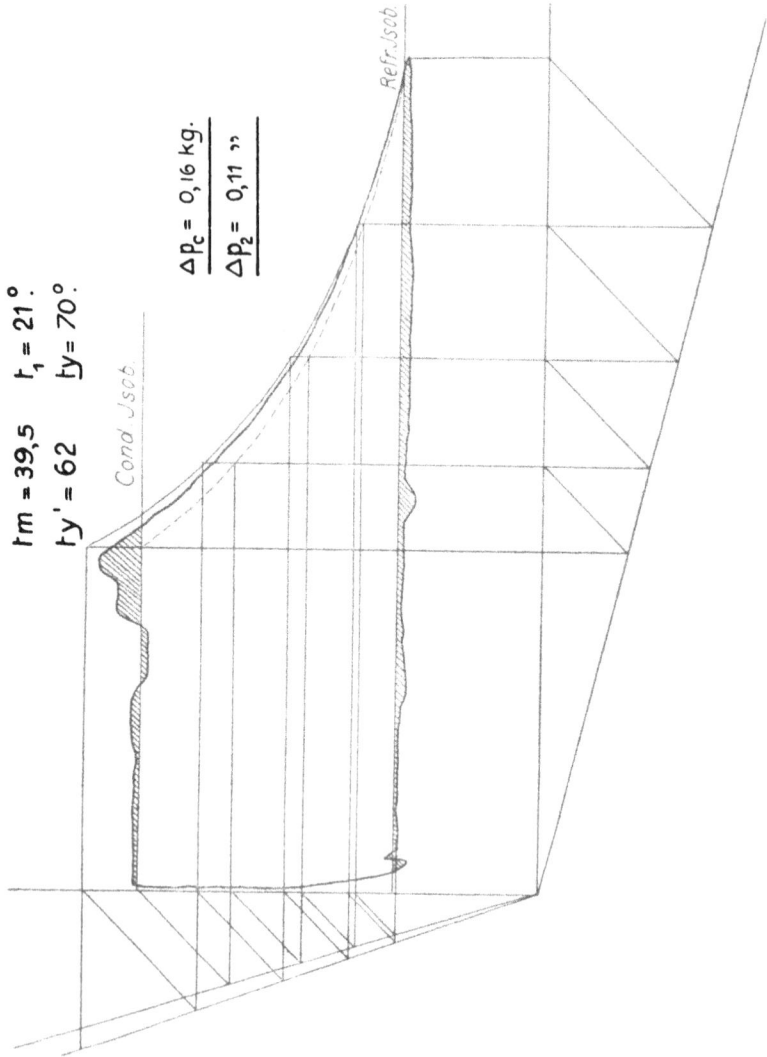

Die Kompressionskurve zeigt ähnlichen Verlauf
wie diejenige der Linde-Maschine.

Maschine Nürnberg 1892. Einf.Fläche. Sooletemper.- 2-5 °Cel^s.

$t_m = 41,0° C.$ $t_1 = 21,5.$

$ty' = 58,6.$ $ty = 68°$

$\Delta p_c = 0,12$ kg.

$\Delta p_2 = 0,10$ »

Cond.Jsobare.

Refrig.Jsobare.

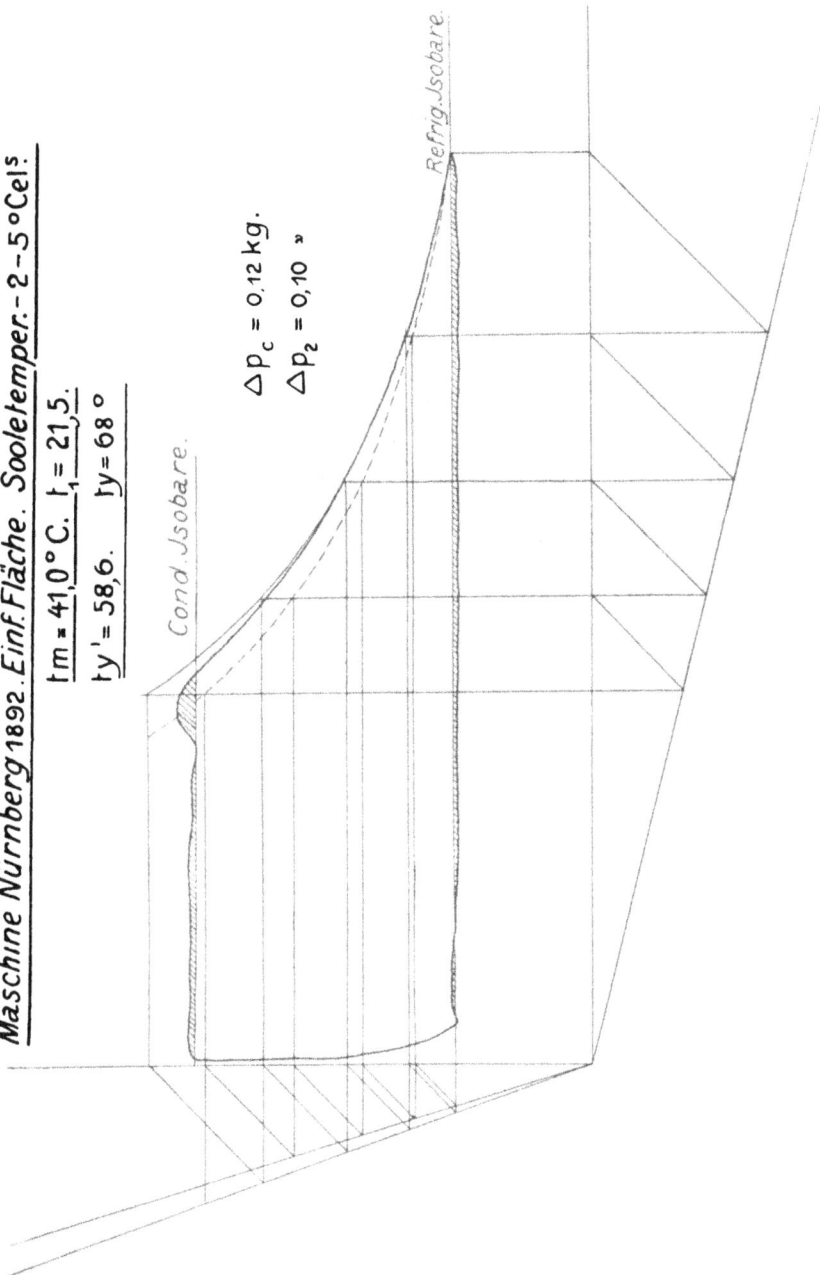

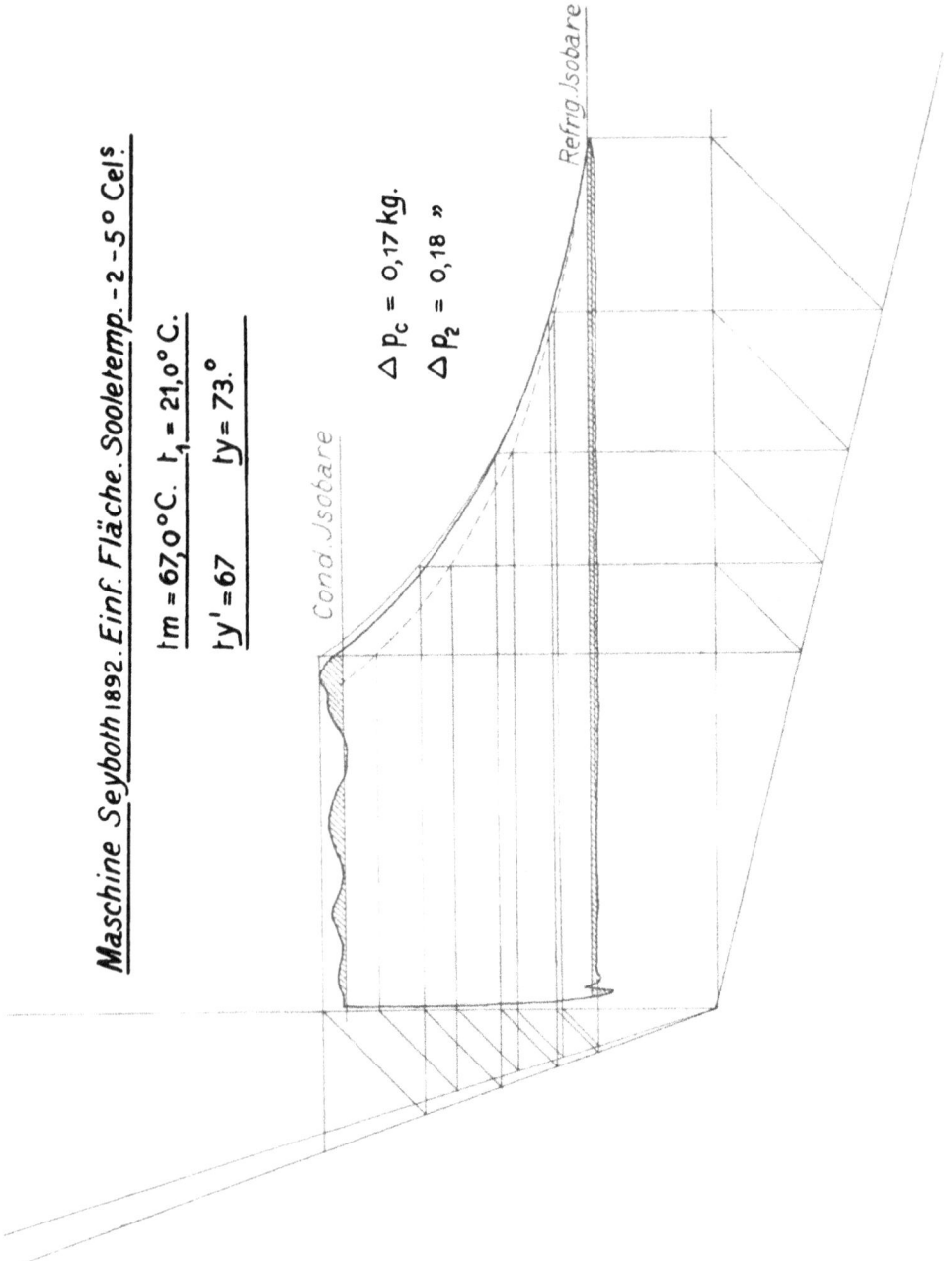

Maschine *Seyboth* 1892. *Einf. Fläche. Sooletemp.* - 2 - 5° Cel.^{s}

$tm = 67,0°C.$ $t_1 = 21,0°C.$

$ty' = 67$ $ty = 73.°$

$\triangle p_c = 0,17$ kg.

$\triangle p_2 = 0,18$ »

Cond. Jsobare

Refrig. Jsobare

4. Die Seyboth-Maschine arbeitete mit viel höherer Überhitzung wie die beiden anderen Maschinen. Die Druckrohrtemperatur betrug ca. 67 ^{0} C.

$$t_m - t_1 = 46\,^0; \quad t'_y - t_m = 0\,^0 C.$$

Die fühlbare Überhitzung am Druckrohr stimmt also mit der Überhitzung am Ende der Kompression überein, es verdampft daher während der Verdrängung keine Flüssigkeit mehr. Die Kompressionslinie weicht sehr wenig von der trockenen Adiabate ab; die Expansionslinie fällt steil ab; der volumetrische Wirkungsgrad ist größer als derjenige anderer Maschinen.

Aus diesen Untersuchungen geht hervor, daß bei sehr nassem Kompressorgang tatsächlich die Indikatorkurve mit der nassen Adiabate zusammenfällt, wodurch der experimentelle Beweis gegeben ist für die Richtigkeit deren Konstruktion und des Exponenten $\mu = 1{,}17$, sowie der Zeunerschen Theorie der Zustandsänderung nasser Dämpfe; allerdings mit der Einschränkung, daß der anfängliche Flüssigkeitsgehalt viel größer sein muß, als der unter der Annahme einer spezifischen Dampfmenge am Ende der Kompression $= 1$ berechnete.

Aus der Abkühlung während der Verdrängung $t'_y - t_m$ und aus der Expansionslinie in den Diagrammen Serie I und II ist ersichtlich, daß auch nach vollendeter Kompression noch eine beträchtliche Menge Flüssigkeit im Zylinder enthalten ist, welche teils verdampft, teils im schädlichen Raume zurückbleibt; hierdurch wird der volumetrische Wirkungsgrad bedeutend (bis 0,8) verringert und werden, wie im Abschnitt III gezeigt wird, die Verluste im Kompressor so sehr erhöht, daß die Kälteverluste den Arbeitsgewinn weit überwiegen, weshalb sehr nasser Kompressorgang als unzulässig und unökonomisch bezeichnet werden muß.

Sobald aber die spezifische Dampfmenge beim Ansaugen größer und der volumetrische Wirkungsgrad besser wird, weicht die Indikatorkurve von der nassen Adiabate mehr und mehr ab und nähert sich der trockenen; selbst bei Druckrohrtemperaturen, welche noch keine fühlbare Überhitzung erkennen lassen, tritt dies deutlich hervor, ja bis zur Hälfte ihres Verlaufes fällt hier die Indikatorkurve schon mit der trockenen Adiabate zusammen, und erst in der zweiten Hälfte weicht sie merklich davon ab.

Bei dem als vorteilhaft erkannten und in der Praxis üblichen Kompressorgange mit mäfsiger Überhitzung (20 bis 30 °C) sind die Abweichungen von der trockenen Adiabate schon so unbedeutend, dafs sie für die folgenden Betrachtungen und Berechnungen vernachlässigt werden können.

Bei dem Diagramm Serie I, Periode VI mit vollkommener Überhitzung ist die Indikatorkurve mit der trockenen Adiabate identisch, ein Beweis wieder für die Richtigkeit der Konstruktion und insbesondere des Exponenten 1,323.

Die in die Diagramme Serie I, Periode II und III eingezeichneten Sättigungskurven wurden dem früher erläuterten Verfahren entsprechend für die anfänglichen Dampfmengen x_a am Anfang und $x_e = 1$ am Ende der Kompression konstruiert; die zugehörigen Berechnungen sind auf Seite 36 wiedergegeben.

Diese Kurven schneiden die Indikatorkurven ungefähr in denselben Punkten wie die trockene Adiabate. Bis dahin wäre demnach der Dampf nafs, von da ab überhitzt. Die nasse Adiabate indiziert aber für die Indikatorkurve auch im unteren Teile bereits Überhitzung. In den Schnittpunkten der Indikator- und der Sättigungskurven selbst müfste der Dampf gerade trocken gesättigt sein, so dafs die Indikatorkurve nach der trockenen Adiabate weiter verlaufen müfste, während sie sich hier wieder mehr der nassen Adiabate nähert. Für den von der theoretischen Erwartung abweichenden Verlauf der Indikatorkurve ergeben sich nun folgende zwei Erklärungen:

1. In der ersten Periode der Kompression verdampft Flüssigkeit an den warmen Zylinderwandungen, und in der zweiten Periode schlägt sich an den kälteren Wandungen Dampf nieder.

2. In der ersten Periode genügt die Temperaturdifferenz zwischen Flüssigkeits- und Dampfteilchen bei der aufserordentlichen Kleinheit des Flüssigkeitsvolumens zum Wärmeaustausch nicht, und erst in der zweiten Periode ist diese Temperaturdifferenz grofs genug, um die teilweise Verdampfung der Flüssigkeit zu bewirken.

Man könnte nun mit einer grofsen Wahrscheinlichkeit auf eine Kombination beider Einflüsse schliefsen; berücksichtigt man jedoch das Zusammenfallen der Indikatorkurve mit der nassen Adiabate bei sehr nassem Kompressorgang und mit der trockenen Adiabate bei sehr trockenem Kompressorgang, so ergibt sich, dafs der Einflufs der Zylinderwandungen nicht sehr bedeutend sein kann und die zweite Erklärung zutreffender erscheint.

Die Überhitzung der Dämpfe bei nassem Kompressorgang hat schon Lorenz konstatiert und dieselbe damit zu erklären versucht, dafs die Flüssigkeit im Zylinder sich vom Dampfe trennt und an der Zustandsänderung während der Kompression keinen Anteil nimmt.

Aus den Betrachtungen des folgenden Abschnittes II bezüglich der Rolle, welche der Flüssigkeitsgehalt der Dämpfe spielt, scheint dem Verfasser die zweite Erklärung dieser Überhitzung am wahrscheinlichsten.

Schlufsfolgerung:
Der von der Führung des Kompressorganges in praktischen Grenzen beinahe un-

3*

abhängige Verlauf der Indikatorkurve er-
möglicht die kritische Untersuchung derselben in den Diagrammen durch Einzeichnen der trockenen Adiabate nach oben beschriebener Weise, wenn die Diagramme mit
hohen Druckrohrtemperaturen abgenommen
werden; die nasse Adiabate ist dabei ganz
entbehrlich.[1])

Von grofsem Werte ist ferner diese Charakterisierung
der Kompressionskurve für trockenen und nassen Kompressorgang als trockene Adiabate auch für die Berechnung der indizierten Kompressorarbeit aus den
gegebenen höchsten und niedrigsten Drücken des Diagramms, welche in Abschnitt II durchgeführt wird.

Berechnungen zur Konstruktion der
Sättigungskurven in die Diagramme der Serie I,
Perioden II und III.

Zylinderdurchmesser	325 mm
Kolbenhub	540 mm
Schädlicher Raum	ca. 0,2 %
Hubvolumen (Deckels.)	44,8 l
Zylinderinhalt (Deckels.)	45,7 l
Federmafsstab 1 kg =	4,98 mm
Diagrammafsstab:	
Periode II 1 l =	1,886 mm
Periode III 1 l =	1,9 mm

Periode II.

Sättigungsvolumen pro 1 kg	v_a	0,451 cbm
Druck am Anfang der Kompression	p_a	2,811 kg/qcm
Druck am Ende der Kompression	p_c	9,64 kg/qcm

[1]) Die zeichnerische Behandlung der Diagramme nach
dieser Methode erfordert grofse Sorgfalt. Die benützten
Hilfsmittel müssen auf ihre Genauigkeit geprüft werden,
insbesondere die Winkel von 90 und 45°, da kleine Abweichungen schon unzuverlässige Kurven ergeben.

Berechnung der spezifischen Dampfmenge:

$$\tau_a + x_a \cdot \frac{r_a}{T_a} = \tau_c + \frac{r_c}{T_c}$$

$$- 0,037 + x_a \cdot 1,233 = 0,0755 + 1,004.$$

(Die Zahlenwerte sind den Mollierschen Tabellen entnommen.)

$$x_a = 0,905.$$

Volumen von 1 kg des Gemisches am Anfang der Kompression:

$$v_a = 0,905 \cdot (0,451 - 0,0016) + 0,0016$$
$$v_a = 0,406 \text{ cbm.}$$

Dampfgewicht im Zylinder, welches nach der Theorie am Arbeitsprozefs teilnehmen kann:

$$G = \frac{0,045}{0,406} = 0,1110 \text{ kg.}$$

Druck in kg/qcm $= p =$	2,811	3,58	4,35	5.24	6,27	7,45	8,79	9,64
Ordinate mm $= p \cdot 4,98$mm	14	17,8	21,6	26,1	31,2	37,1	43,8	48
Sättigungsvol. von 1 kg V Liter	451	358	298	250	211	180	154	141
Sättigungsvol. V des Zylinderinhaltes $= v \cdot 0,111 = $	50,0	39,8	33,1	27,7	23,4	20,0	17,1	15,6
Abszissen $= v \cdot 1,886$ mm	94,5	75	62,5	52,2	44	37,7	32,1	29,4

Periode III.

Druck am Anfang der Kompression p_a 2,61 kg/qcm
Druck am Ende der Kompression p_e 9,43 kg/qcm

Berechnung der spezifischen Dampfmenge:

$$- 0,0426 + x_a \cdot 1,2446 = 0,0731 + 1,0087$$
$$x_a = 0,9035.$$

Volumen von 1 kg des Gemisches am Anfang der Kompression:

$$v_a = 0,9035 (0,485 - 0,0016) - 0,016 = 0,4383 \text{ cbm.}$$

Dampfgewicht im Zylinder (welches nach der Theorie am Arbeitsprozefs teilnehmen kann):

$$G = \frac{0,0457}{0,4383} \ldots \ldots 0,1043 \text{ kg}.$$

Druck in kg/qcm = p .	2.6	3,58	4,35	5,24	6,27	7,45	8,79	9,45
Ordinate = $p \cdot 4,98$ mm .	13	17,8	21,6	26,1	31,2	37	43.8	47
Sättigungsvol. von 1 kg v	486	358	298	250	211	180	154	144,0
Sättigungsvol. V des Zy-								
linderinhaltes = v								
0,1043	50,7	37,3	31,1	26,1	22,0	18,8	16,1	15,0
Abszisse = $v \cdot 1,9$ mm .	96,3	70,8	59,0	49,5	41,8	35,7	30,5	28,5

C. Die Drucklinie »cd«.

Während dieser Periode des Kreisprozesses werden die nun komprimierten Dämpfe unter annähernd gleichem Drucke in den Kondensator befördert, wo sie sich unter Einwirkung des Kühlwassers wieder verflüssigen und die gesamte von a bis d aufgenommene Wärme abgeben (vergl. Fig. 1).

Die Linie »cd« ist also, wie aus dem Diagramm ersichtlich, annähernd eine Isobare; weiter unten wird man sehen, ob sie auch eine Isotherme ist.

Der im Diagramm gegebene Druck während des Hinausschiebens der Dämpfe im Zylinder ist um die Widerstände der Druckventile und der Druckleitung höher als der Druck p_1 im Kondensator, woraus eine Arbeitserhöhung resultiert, welche im Abschnitt IV näher erläutert werden wird.

Aus der Untersuchung der Indikatorkurve »bc« ging hervor, dafs während der Kompression von b nach c wahrscheinlich nur ein sehr geringer Teil der Flüssigkeit verdampft, so dafs auch während des Hinausschiebens der Dämpfe von c nach d noch solche im Zylinder sich befindet. Lorenz nimmt nun in seiner neuen Theorie des nassen Kompressorganges an, dafs durch die innige

Mischung von Dampf und Flüssigkeit während des
Durchganges durch das Druckventil eine Verdampfung
der letzteren eintritt und dadurch die tatsächlich eintretende Ermäfsigung der Druckrohrtemperatur hervorgerufen wird.

Nach der auf Seite 35 unter 2. begründeten Hypo-
these des Verfassers findet diese Erscheinung darin
ihre Erklärung, dafs während der ganzen Druckperiode
»cd« zwischen der Flüssigkeit und dem Dampfe die
höchste Temperaturdifferenz vorhanden ist, wobei die
Dämpfe schon im Zylinder selbst abgekühlt werden.
Während sie im Punkte c die höchste Temperatur besitzen, welche im Kreisprozesse überhaupt auftritt, nähert
sich letztere auf dem Wege von c nach d infolge der
verdampfenden Flüssigkeit immer mehr der dem Kondensatordruck entsprechenden Sättigungstemperatur, wobei die Überhitzungswärme teilweise in Verdampfungswärme überführt und die fühlbare Überhitzung am
Druckrohr geringer wird.

Die Linie »cd« ist also keine Isotherme.

D. Die Expansionslinie »da«.

Der Abschnitt »da« (vergl. Fig. 1) des Indikatordiagramms stellt keineswegs die adiabatische Expansionskurve des Carnotschen Kreisprozesses dar, da
bekanntlich die Praxis den Expansions- oder Speise-
zylinder durch das Regulierventil ersetzt. Zeuner hat
den resultierenden Leistungsverlust in seiner Theorie
der Kaltdampfmaschinen ausführlich, rechnerisch abgeleitet, während Linde in seiner Abhandlung »Die
Kältemaschinen von heute«[1]) zu denselben Resultaten
auf einfachere und anschaulichere Weise gelangte.

Die Linie da des Diagramms aber entsteht durch
die Expansion des im schädlichen Raume des Zylinders
zurückbleibenden Gemisches von Dampf und Flüssigkeit.

---

[1]) Zeitschrift für die gesamte Kälte-Industrie.

Beim Rückgange des Kolbens expandiert der Dampf und verflüchtigt sich teilweise die Flüssigkeit.

Beim langsam oder schlecht schliefsendem Druckventil könnten auch Dämpfe aus dem Kondensator zurücktreten und den Verlauf dieser Kurve beeinflussen. Derselbe ist also durch mehrere, nicht berechenbare Faktoren bedingt, jedoch erkennt man an dem mehr oder weniger raschen Druckabfall, welche relative Mengen von Flüssigkeit im schädlichen Raume geblieben sind, da die trockenen Dämpfe bei der aufserordentlichen Geringfügigkeit des schädlichen Raumes eine fast senkrecht abfallende Linie erzeugen.

Der Einflufs der Flüssigkeit macht sich erst im unteren Teile dieser Linie bemerkbar, und zwar dann erst, wenn die Temperatur der Flüssigkeit die jeweilige Siedetemperatur genügend überwiegt, um deren Verdampfung einzuleiten.

Die Richtigkeit dieser Anschauung erkennt man deutlich in dem Diagramm Serie I, Periode I an den eigentümlichen Hacken der Expansionskurven.

Einen Teil der zur Verdampfung nötigen Wärme enthält die Flüssigkeit selbst, während der andere Teil ihr von den Zylinder- und Kolbenflächen mitgeteilt wird. Kann nun diese Wärmemitteilung auf dem Wege von c nach d nicht rasch genug erfolgen, so wird der Rest der Flüssigkeit während der Saugperiode nachverdampfen, wodurch aufser der Verkleinerung des volumetrischen Wirkungsgrades ein weiterer Leistungsverlust durch den schädlichen Raum verursacht wird.

Zweiter Abschnitt.

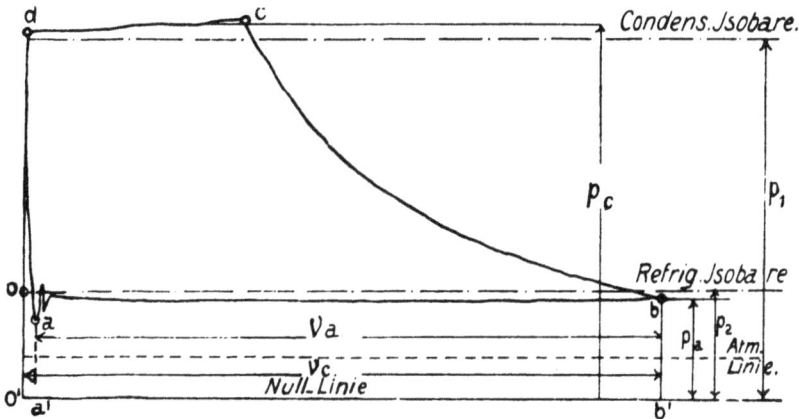

Fig. 4.

I. Berechnung der indizierten Kälteleistung für beliebige spezifische Dampfmengen x_a aus der Sauglinie des Diagramms.

Liegt das auf Fig. 4 abgebildete Diagramm einer ausgeführten Kaltdampfmaschine vor und sind Federmafsstab, Zylinderdimensionen und Tourenzahl bekannt, so sind in demselben folgende Werte dargestellt:

1. das Zylindervolumen durch die Strecke $o'\,b' = V_c$,

2. das durch die Expansion aus dem schädlichen Raume verringerte Ansaugevolumen $= a'\,b' = V_a$,

3. der absolute Druck am Ende des Ansaugens durch die Ordinate $b'\,b = p_a$.

Wenn zunächst von den inneren Verlusten des Kompressors abgesehen wird, so füllt sich das Volumen V_a während des Kolbenhubes mit einem Gemisch von Dampf und Flüssigkeit, dessen Zustand durch die Einführung der spezifischen Dampfmenge x_a gekennzeichnet wird.

Unter Beibehaltung der von Zeuner gewählten Bezeichnungen läfst sich das Volumen v_a von 1 kg des Gemisches beim Drucke p_a ausdrücken durch

$$v_a = x_a \cdot u_a + \sigma$$

(wobei σ als konstant = 0,0016 cbm angenommen wird),

Das Gewicht G_a des angesaugten Volumens pro Hub ist also

$$G_a = \frac{V_a}{v_a} = \frac{V_a}{x_a \cdot u_a + \sigma}.$$

Die Wärmeaufnahme von 1 kg des Gemisches im Refrigerator, also die Kälteleistung W, berechnet sich nach Linde[1]):

$$W = r_2 \cdot x_a - (q' - q_2) - A \sigma (\cdot p_1 - p_2).$$

Hierin bezeichnet ferner

p_2 den Sättigungsdruck im Refrigerator,
r_2 die Verdampfungswärme im Refrigerator,
q_2 die Flüssigkeitswärme im Refrigerator,
q' die Flüssigkeitswärme vor dem Regelventil,
$(q' - q_2) = q$,
p_1 den Sättigungsdruck im Kondensator.

Für das angesaugte Dampfgewicht G_a ist also die äquivalente Kälteleistung

$$W = \frac{V_a}{x_a \cdot u_a + \sigma} [r_2 x_a - (q' - q_2) - A \sigma (p_1 - p_2)].$$

Der Wert dieses Ausdruckes bleibt unverändert, wenn man den ersten Faktor mit x_a multipliziert und

---

[1]) »Über die Kältemaschinen von heute«, Z. f. d. g. K. 1897.

den zweiten durch x_a dividiert, wodurch man ihn in folgender Form erhält:

$$W = \frac{V_a}{u + \dfrac{\sigma}{x_a}} \left[r_2 - \frac{1}{x_a} q - \frac{\sigma}{x_a} \cdot A \left(p_1 - p_2 \right) \right]$$

oder

$$W = \frac{V_a}{(u+\sigma) + \dfrac{\sigma}{x_a}(1 - x_a)} \left[r_2 - \frac{1}{x_a} q - \frac{\sigma}{x_a} \cdot A(p_1 - p_2) \right]$$

Prüft man den Wert $\dfrac{\sigma}{x_a}$ auf seine Größe, so ergibt sich ein verschwindender Einfluß auf W, denn x_a ist für normalen Kompressorgang keinenfalls kleiner als 0,8, und für das Flüssigkeitsvolumen σ darf ein konstanter Wert $= 0{,}0016$ cbm eingesetzt werden.

Auf Seite 46 ist der Fehler, welcher durch Vernachlässigung der beiden Glieder mit den Faktoren $\dfrac{\sigma}{x_a}$ entsteht, beispielsweise berechnet, wodurch sich die Vernachlässigung als vollständig berechtigt erweist; die Kälteleistung pro Hub drückt sich daher durch die vereinfachte Formel aus:

$$W = \frac{V}{u + \sigma} \left(r_2 - \frac{1}{x_a} \cdot q \right),$$

oder, da $u + \sigma$ eingangs mit v_a bezeichnet wurde,

$$W = \frac{V_a}{v_a} \left(r_2 - \frac{1}{x_a} \cdot q \right).$$

Die theoretische Kälteleistung pro 1 Stunde für eine Tourenzahl $= n$ der vollkommenen Maschine berechnet sich nun aus dem Diagramm nach dem Vorhergehenden aus der Gleichung:

$$W_i = 2 \cdot 60 \cdot n \cdot \frac{V_a}{v_a} \cdot \left(r_2 - \frac{1}{x_a} \cdot q \right).$$

Mit Einführung des volumetrischen Wirkungsgrades η_v ist

$$V_a = \eta_v \cdot V_c \quad \text{und}$$

$$W_i = 120 \cdot n \cdot \eta_v \cdot \frac{V_c}{v_a} \left(r_2 - \frac{1}{x_a} \cdot q \right).$$

W_i ist diejenige Kälteleistung einer ausgeführten Maschine, welche unter Berücksichtigung des Verlustes durch den schädlichen Raum, aber unter Ausschluſs irgend welcher anderer Verluste aus dem Saugdruck des Diagramms sich berechnen läſst, also gleichsam eine durch das Diagramm »indizierte Kälte- leistung«, welche Bezeichnung in der Folge bei- behalten werden soll.

In obiger Formel tritt der Einfluſs der spezifischen Dampfmenge der angesaugten Dämpfe deutlich hervor; er beschränkt sich auf die Gröſse der vom Kondensator in den Refrigerator überführten Flüssigkeitswärme und ist sehr gering.

Wie nachfolgende Tabelle lehrt, weicht der Klammer- ausdruck der Gleichung für die in der Praxis vor- kommenden Temperaturen, wobei x_a für mäſsige Über- hitzungstemperaturen der Druckrohre zu 0,95 ange- nommen werden kann, nur wenig von dem Werte 300 ab, weshalb man mit genügender Genauigkeit auch von nachstehender Formel Gebrauch machen kann; es ist dies um so mehr zulässig, als die Annahme der spezifischen Dampfmenge immerhin eine willkürliche ist und auch die Zahlenwerte für die Flüssigkeits- und Verdampfungswärme nur berechnet und nicht experimentell bestimmt sind.

$$W_i = 36\,000 \cdot n \cdot {}_{1r} \cdot \frac{V_c}{v_a}.$$

Bei den in der Tabelle III berücksichtigten Refri- geratortemperaturen von 0 bis — 20 °C betragen die Abweichungen von 300 kaum mehr als 1 %.

Tabelle III.

t_2	0	—5	—10	—15	—20	angenommen
r_2	316,1	319,4	322,3	324,9	327,2	
q_2	0	—4,47	—8,83	13,13	—17,34	$x_a = 0,95$
$r_2 - \frac{1}{x_a}(q'-q_2)$	304	302	300,5	299	297	$t' = 12,5°$ C $q' = 11,5$ Kal.

v_a kann nachstehender Tabelle IV entnommen werden, welche durch Interpolation aus den von Mollier gegebenen Werten berechnet ist:

Tabelle IV.

Refrigerator-temperatur t_2	0	−1	−2	3	4	−5	6	−7	−8	−9	−10
v_a in Liter	298	310	322	334	346	358	373	388	402	418	432
Refrigerator-temperatur t_2	−10	−11	12	13	14	15	16	−17	18	19	20
v_a in Liter	432	450	469	488	506	525	549	573	598	622	646

Beispiel.

Entnommen dem »Münchener Versuche 1890, Maschine Linde«. Versuch II.

Gegeben aus dem Versuchsbericht:

Tourenzahl . . . . = n = 45,1 p.min.
Temperatur im Verdampfer . . = t_2 = −9,77° C
Druck im Kondensator pro 1 qcm = p_1 = 9,24 kg
Druck im Refrigerator pro 1 qcm = p_2 = 2,95 kg
Zylindervolumen im Mittel . . . = V_c = 20,2 l

Aus dem Diagramm, Serie II:
Durch die Ordinate $b\,b'$ absoluter
Druck . . . . = p_a = 2,8 kg/qcm

Angenommen:
Temperatur vor dem Regulierventil = t' = +10 °C
Aus den Dampftabellen entnommen:
Spezifisches Volumen . . . . = v_a = 0,452 cbm
Flüssigkeitswärme vor dem Re-
gulierventil bei t' . . . . . = q' = +9,17 Kal.
Flüssigkeitswärme im Verdampfer = q_2 = −8,6 »
Verdampfungswärme für p_2 . . = r_2 = 322,2 »

Berechnet:
Spezifische Dampfmenge beim
Ansaugen (aus der Entropie-
gleichung berechnet) . . . . = x_a = 0,91
$q_1 - q_2 = +\,9,17 + 8,6°$ C . . = q = +17,77° C.

Ansaugevolumen $V_a = 20,2 \cdot \dfrac{b' \, a'}{b' \, d'}$

$$= 20,2 \cdot \frac{75,5}{79} = 20,2 \cdot 0,96 \ \text{l} \quad . = V_a = \quad 19,4 \ \text{l.}$$

Nach der Gleichung ist:

$$W_i = \cfrac{V_a}{(\mu + \sigma) + \cfrac{\sigma}{x_a} \ (1 - x_a) \cdot} \left[r_2 - \frac{1}{x_a} \cdot q - \frac{1}{x_a} \right.$$

$$\left. \cdot \frac{0,0016}{424} \ (p_1 - p_2) \right] \ \text{Kal.}$$

$$W_i = \cfrac{19,4}{452 + \cfrac{0,0016}{0,91} \cdot 0,09} \left[322,2 - \frac{1}{0,91} \cdot 17,77 - \frac{1}{0,91} \right.$$

$$\left. \cdot \frac{0,0016}{424} \ (9240 - 2950) \right] \ \text{Kal.}$$

$$W_i = \frac{19,4}{452 + 0,0001575} \ (322,2 - 19.6 - 0,00116) \ \text{Kal.}$$

Der Summand 0,0001575 ist im Vergleich zu 452 so ver-
schwindend klein, dafs seine Vernachlässigung vollständig
gerechtfertigt ist; damit wird

$$W_i = 12,9871 - 0,00116 \ \text{Kal.}$$

Durch Weglassen des zweiten Gliedes der rechten Seite
der Formel würde der Fehler $= \dfrac{0,00116 \cdot 100}{12,9871} =$ ca. 0,01 %,
so dafs auch dieses Glied mit Fug und Recht vernachlässigt
werden kann.

Die indizierte Leistung pro Hub ist also

$$W_i = 12,9871 \ \text{Kal.}$$

Bei 45,1 Touren pro Minute ist dieselbe pro Stunde

$$W_i = 12,9871 \cdot 2 \cdot 45,1 \cdot 60 \ \text{Kal.} = 70\,250 \ \text{Kal.}$$

Durch den Versuch wurde aber eine **effektive** Kälteleistung von nur

$$W_e = 58\,110 \ \text{Kal. ermittelt.}$$

$\dfrac{W_e}{W_i} = \dfrac{58\,110}{70\,250} = 0{,}830$ stellt einen Wirkungsgrad

des Kompressors dar, welcher in der Folge mit

indizierter Wirkungsgrad $= \eta_i$

bezeichnet werden soll (siehe Abschnitt III).

II. Berechnung der indizierten Arbeit aus dem Diagramm.

Nachdem in Abschnitt I erkannt wurde, daſs die Kompressionskurve beim Arbeiten mit mäſsig warmen Druckrohren mit der trockenen Adiabate nahezu iden- tisch ist, vereinfacht sich die Berechnung des Flächen- inhaltes des Diagramms, welcher die indizierte Arbeit darstellt, auſserordentlich. Die Gleichung der trockenen Adiabate ist für Ammoniak bekannt und lautet:

$$p \cdot v^{1,32} = \text{Konstans.}$$

Nach den hier zutreffenden Ableitungen von Lo- renz[1]) berechnet sich die indizierte Kompressorarbeit pro 1 kg des zirkulierenden Mediums nach der Gleichung (mit $k = 1{,}32$)

$$L_i = \frac{k}{k-1} \cdot p_a\, v_a \left[\left(\frac{p_c}{p_a} \right)^{\frac{k-1}{k}} - 1 \right]$$

Für das Diagramm einer ausgeführten Kalt- dampfmaschine ist nun statt des Volumens von 1 kg des angesaugten Kältemediums das gegebene Zylinder- volumen V_c in cbm zu setzen.

Führen wir ferner für den Ansaugedruck, wie früher, die Bezeichnung p_a in kg/qm und für den Druck wäh- rend des Hinausschiebens der Dämpfe aus dem Kom- pressor die Bezeichnung p_c in kg/qm ein, so schreibt sich die entsprechende Gleichung folgendermaſsen:

Indizierte Arbeit in m/kg pro 1 Kolbenhub:

$$L_i = \frac{k}{k-1} \cdot p_a \cdot V_c \left[\left(\frac{p_c}{p_a} \right)^{\frac{k-1}{k}} - 1 \right]$$

[1]) Z. f. d. g. Kälte-Industrie, IV. Jahrgang 1897.

und hieraus ergibt sich die indizierte Kompressorarbeit
bei n Umdrehungen pro Minute in Pferdestärken:

$$N_i = \frac{2 \cdot n}{60 \cdot 75} \cdot \frac{k}{k-1} \cdot p_a \cdot V_c \left[\left(\frac{p_c}{p_a} \right)^{\frac{k-1}{k}} - 1 \right]$$

Es ist nun

$$\frac{k}{k-1} = 4{,}12 \text{ und}$$

$$\frac{k-1}{k} = 0{,}242, \text{ damit wird}$$

$$N_i = 0{,}0018 \cdot n \cdot p_a \cdot V_c \underbrace{\left[\left(\frac{p_c}{p_a} \right)^{0{,}242} - 1 \right]}_{= a}$$

Die Anwendung der Formel wird durch den Klammer-
ausdruck »a«, welcher logarithmisch berechnet werden
müßte, erschwert, aber durch Benutzung nachstehender
Tabelle V sehr erleichtert:

Tabelle V.

$\frac{p_c}{p_a}$	8	7,5	7	6,5	6	5,5	5	4,5	4	3,5	3	2,5	2
$a =$	0,65	0,63	0,6	0,57	0,54	0,51	0,48	0,44	0,4	0,35	0,3	0,25	0,2

Wenn für eine ausgeführte Maschine die oberste
und unterste Druckgrenze im Diagramm bekannt sind,
so läßt sich daher für das gegebene Zylindervolumen
die indizierte Kompressorarbeit ohne weiteres berechnen.
Dabei ist allerdings eine ideale Gestalt des Diagramms
und insbesondere eine senkrecht abfallende Expansionslinie vorausgesetzt.

Wie nahe jedoch die so berechneten Werte mit der
Wirklichkeit übereinstimmen, geht aus der Zusammenstellung auf Seite 49 hervor.

Münchener Versuche an Ammoniak - Kältemaschinen mit ›einfacher Fläche‹ bei Soletemperaturen —2 ; — 5° C.

Berechnung der indizierten Kompressorarbeiten.

Versuchsmaschinen		Linde		Seyboth	Nürn-berg
Versuchsjahr		1890	1893	1892	1892
Mittleres Zylinder-volumen . . .	V_c cbm	0,02020	0,02028	0,02064	0,02061
Tourenzahl pro Min.	n	45,1	42,63	43,79	46,68
Mittl. abs. Druck am Ende d. Ansaugens	p_a kg/qm	28 100	31 800	28 600	29 800
Mittl. abs. Druck b. Hinausschieben .	p_c kg/qm	93 900	92 400	92 600	93 800
Berechnete indiz. Kompr.-Arbeit . .	N_2	15,55	14,55	15,3	16,5
Nachgewiesene ind. Kompr.-Arbeit . .	N'_2	15,2	14,49	15,35	16,47

4

Dritter Abschnitt.

Indizierter Wirkungsgrad.

Der Wirkungsgrad einer »Wärmekraftmaschine« wird in der Thermodynamik unter Zugrundelegung des Carnotschen Prozesses für die vollkommene Maschine ausgedrückt durch die Formel:

$$\frac{A \cdot L_i}{Q_1} = \frac{T_1 - T_2}{T_1}$$

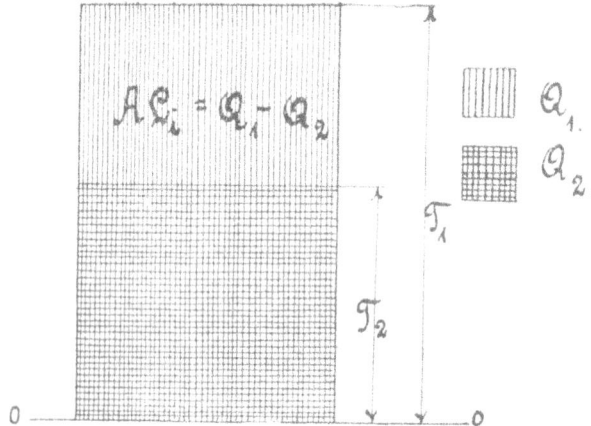

und am besten durch das obenstehende Entropiediagramm veranschaulicht. Q_1 ist dabei die bei der höchsten Temperatur T_1 zugeführte Wärme. Für die ausgeführte Maschine ist aber für den Gesamtwirkungsgrad η_i nicht wie oben, die indizierte, sondern die effektive Arbeit maßgebend, so daß

$$\eta_i = \frac{A \cdot L_e}{Q_1} = \frac{\text{Wärmeäquivalent der effektiven Arbeit}}{\text{Absoluter Heizwert des Brennmaterials}}.$$

Um die Unvollkommenheiten der Maschine hervortreten zu lassen, zerlegt man η_i in drei Faktoren: η_1, η_2, η_3, welche sich folgendermaßen definieren lassen:

$$\eta_1 = \frac{\text{von dem arbeitenden Körper aufgenommene Wärme}}{\text{Heizwert des Brennmaterials}}$$
$$= \text{Wirkungsgrad der Feuerung und Wärmezufuhr.}$$

$$\eta_2 = \frac{\text{Wärmeäquivalent der indizierten Arbeit}}{\text{von dem arbeitenden Körper aufgenommene Wärme}}$$
$$= \text{Wirkungsgrad des Systems} = \text{»Thermischer Wirkungsgrad«.}$$

$$\eta_3 = \frac{\text{effektive Arbeit}}{\text{indizierte Arbeit}} = \text{»Mechanischer Wirkungsgrad«.}$$

Kehrt man den Prozeß der »Wärmekraftmaschine« um, so erhält man denjenigen der »Kältemaschine«, wobei

$$\eta = \frac{Q_2}{A \cdot L_i} = \frac{T_2}{T_1 - T_2}$$

für die vollkommene Maschine ist; aber jetzt stellt Q_2 die bei der tiefsten Temperatur T_2 aufgenommene Wärme dar. Für die ausgeführte Maschine ist nun der Gesamtwirkungsgrad

$$\eta = \frac{Q_2}{A \cdot L_e}$$

und läßt sich analog zerlegen in drei Faktoren η_1, η_2, η_3, welche sich nun folgendermaßen deuten lassen:

$$\eta_1 = \frac{\text{dem abzukühlenden Körper entzogene Wärme}}{\text{vom arbeitenden Körper aufgenommene Wärme}}$$

und nach dem Ergebnis des Abschnittes II

$$\eta_1 = \frac{W_e}{W_i} = \frac{\text{effektive Kälteleistung}}{\text{indizierte Kälteleistung}},$$

4*

$\eta_i =$ Wirkungsgrad der Wärmezufuhr, in der Folge »Indizierter Wirkungsgrad« genannt.

$$\eta_2 = \frac{\text{indizierte Kälteleistung}}{\text{Wärmeäquivalent der indizierten Arbeit}}$$

$=$ Wirkungsgrad des Systems $=$ »Thermischer Wirkungsgrad«,

$$\eta_3 = \frac{\text{indizierte Arbeit}}{\text{effektive Arbeit}} = \text{»Mechanischer Wirkungsgrad«}.$$

Mittels des indizierten Wirkungsgrades kann aus der indizierten die effektive Kälteleistung berechnet werden, weshalb die Analysierung seiner Abhängigkeit und seiner Gröfse von grofser Bedeutung ist.

Die aus dem Diagramm berechnete indizierte Kälteleistung W_i wäre in Wirklichkeit nur mit einer idealen Maschine zu erreichen. Die Unvollkommenheit der ausgeführten Maschine jedoch verursacht unvermeidliche Verluste, welche einerseits die Kälteleistung W_i vermindern, anderseits die indizierte Kompressorarbeit vergröfsern.

Diese Verluste sollen in folgendem begründet werden:

1. Einflufs der Undichtheiten der inneren Kompressorrgane.

   a) Durchlässigkeit des Kolbens.

   Diese kann nie gänzlich vermieden werden und hat zur Folge, dafs während der Druckperiode von b nach c und von c nach d ein Teil des komprimierten Gemisches von dem Druckraum in den Saugraum des doppelt wirkenden Kompressorzylinders übertritt und das Volumen V_a entsprechend verringert.

   b) Undichtheiten der Ventile.

   Undichte Druckventile lassen einerseits während der Saugperiode »$a\,b$« Dämpfe aus dem

Kondensator in den Saugraum des Kompressors
überströmen; während der Druckperiode »c d«
können anderseits Dämpfe aus dem Kondensator in den Druckraum des Kompressors gelangen
und das Volumen der zu komprimierenden Dämpfe
erhöhen.

Der erste Vorgang bedingt eine Verminderung
der Kälteleistung, der letztere eine Vergröfserung
der indizierten Kompressorarbeit. Bedeutende Undichtheiten würden sich durch den Verlauf der
Kompressionskurve erkenntlich machen; undichte Saugventile lassen während der Druck-
perioden »b c« und »c d« Dämpfe höheren Druckes
in den Verdampfer zurückströmen, wodurch die
Kälteleistung verringert würde.

Diese Undichtheiten lassen sich ebenfalls an
dem Verlauf der Kompressionskurve erkennen,
falls sie beträchtlich genug sind.

Die Diagramme müssen jedoch zu solchen
Prüfungen bei heifsen Druckrohren abgenommen
werden.

2. Einflufs des Kompressorganges und der Zylinderwandungen.

Gelegentlich der Studien über die Gestaltung der
Kompressionskurve in den Diagrammen ausgeführter
Maschinen wurde schon erkannt, dafs der Kompressorgang ohne fühlbare Überhitzung am Druckrohr unvor-
teilhaft ist.

Wenn nun auch der vollkommen trockene Kompressorgang schon aus praktischen Gründen, wie eingangs erwähnt, nicht üblich ist, so soll doch untersucht
werden, welchen Einflufs er auf den indizierten und
den Gesamtwirkungsgrad ausüben würde.

Es ergab sich, dafs die Kompressionskurve bei
höherem Überhitzungsgrad der Druckrohre mit der

trockenen Adiabate und die wirkliche Kompressionsarbeit mit der durch diese Kurve berechneten nahezu
übereinstimmt, wie auch die Beispiele auf Seite 49
beweisen.

Der Gesamtwirkungskreis ist nach obigem $\eta =$
$\eta_i \cdot \eta_2 \cdot \eta_3$.

Es ist nun zu untersuchen, welcher von diesen drei
Faktoren von dem Kompressorgang beeinflußt wird,
wobei η_3 von vornherein ausgeschieden werden kann
und

$$\eta \; = \; \eta_i \; \cdot \; \eta_2 \quad (\eta_3 = \text{Konstans})$$

wird.

η_i nimmt mit zunehmender Druckrohrtemperatur
zu, wie die nachfolgenden Betrachtungen des Ein-
flusses des Flüssigkeitsgehaltes beweisen werden. (Seite 56
bis 58.)

Auch aus den Berechnungen von η_i aus den Münchener Versuchen Seite 62 geht hervor, daß η_i mit
der Überhitzung zunimmt und daß die Seybothsche
Maschine, welche in München mit den höchsten Druckrohrtemperaturen arbeitete, von allen Versuchsmaschinen
für η_i den größten Wert ergab. Man kann also be-
haupten, daß bei trockenem Kompressorgang der Wirkungsgrad η_i ein Maximum erreicht.

$$\eta_2 = \frac{W_i}{A \cdot N_i} \quad (N_i = \text{indizierte Kompressorarbeit in PS})$$

ist bei unveränderlichen Druckgrenzen nur von W_i abhängig, da ja N_i vom Kompressorgang nahezu unab-
hängig ist.

W_i ist aber nach vorhergehendem

$$W_i \; = \; \frac{V_a}{v_a} \left[r_2 - \frac{1}{x_a} \cdot q \right]$$

Für vollkommen trockenen Kompressorgang wäre
$x = 1$ und damit W_i am größten.

Man muß also hieraus schließen, daß der trockene
Kompressorgang am vorteilhaftesten wäre, aber unter

der Voraussetzung, dafs die Druckgrenzen durch die Regulierung desselben keine Änderung erleiden würden. Dies ist jedoch nicht der Fall, da sich der Druck im Refrigerator verändert.

Bei Anlagen, in welchen der Refrigerator im Solebad liegt, sinkt bei gleichbleibender Soletemperatur mit zunehmender Druckrohrtemperatur der Refrigeratordruck, trotzdem der Beharrungszustand erhalten bleibt. Diese Druckabnahme entspricht ca. 2 bis 3 ⁰ C.

Bei Anlagen mit sog. direkter Kühlung, bei welcher die Refrigeratorfläche als Luftkühlsystem ausgebildet und unvergleichlich gröfser ist, ist dieselbe noch viel beträchtlicher.

Diese auffallende und anscheinend bis jetzt noch wenig beachtete Erscheinung läfst folgende Erklärung zu :

Die Wirksamkeit einer Refrigeratorfläche von bestimmter Gröfse ist um so besser, je mehr Flüssigkeit in den Rohren sich befindet und je nasser die Dämpfe den Apparat verlassen. Infolgedessen ist die Temperaturdifferenz zwischen Kältemedium und Sole, resp. zwischen Luft und Kältemedium bei nassem Kompressorgang geringer als bei trockenem.

Dieses Sinken des Refrigeratordruckes bei trockenem Kompressorgang aber, welches sich nachweislich bis in den Kompressorgang fortpflanzt, vermindert die Kälteleistung und den Wirkungsgrad der Kältemaschine $= \eta_2$, indem dadurch der Abstand der Temperaturgrenzen, zwischen welchen der Prozefs sich abspielt, vergröfsert wird.

Während also mit zunehmender Druckrohrtemperatur η_i wächst, nimmt η_2 ab und die Praxis sowohl, als die Versuche haben gelehrt, dafs der Gesamtwirkungsgrad bei mäfsiger Überhitzung, ca. 20 bis 30 ⁰ C, den günstigsten Wert erreicht.

Man hat deshalb immer mit einem gewissen Flüssigkeitsgehalt im Zylinder zu rechnen, dessen Verhalten während des ganzen Arbeitsprozesses in folgendem näher untersucht werden soll:

a) Saugperiode »a b«.

Das aus dem Refrigerator angesaugte Gemisch
von Dampf und Flüssigkeit findet an den Zylinder-
und Kolbenflächen höhere Temperaturen vor,
welche dieselben während der Kompressionsperiode
angenommen haben. Es findet naturgemäfs während der Saugperiode ein Wärmeaustausch statt,
wodurch ein Teil der Flüssigkeit zur Verdampfung gebracht wird. Dieser wird um so inniger
und die Kühlung des Zylinders um so intensiver
sein, je mehr Flüssigkeitsteilchen mit den Wandungen in Berührung treten, also je nasser der
eintretende Dampf ist.

b) Druckperiode »b c«.

Während der Bewegung des Kolbens von b
nach c kann eine Verdampfung der die Wandungen
benetzenden Flüssigkeit nicht mehr eintreten, wenn
die Temperatur der ersteren niedriger ist als die
dem jeweiligen Drucke entsprechende Siedetemperatur es ist sogar in diesem Falle eine
Kondensation der Dämpfe an den Wandungen
möglich, was bei sehr nassem Kompressorgang
bald der Fall sein wird. Bei trockenerem Kompressorgang ist Verdampfung im Anfang wohl
möglich, wodurch sich, wie schon erwähnt, die
Erhöhung der Kompressionskurve auch ohne Annahme von Überhitzung erklären liefse. Beim
Weitergange des Kolbens gibt derselbe immer
weitere benetzte Zylinderflächen dem Saugraume
frei, so dafs die erwärmten Flüssigkeitsteilchen
teilweise in denselben zurückgelangen und unter
dem niedrigen Druck verdampfen. Die hierzu
nötige Wärme wird teils von der Flüssigkeit selbst,
teils von den Zylinderwandungen geliefert; deren
Temperatur ist im späteren Teile der Kompression
jedenfalls niedriger als diejenige der Dämpfe, so
dafs teilweise Kondensation derselben stattfinden

und eine Senkung der Kompressionskurve hervorrufen kann.

c) Druckperiode »c d«.

Während dieser Periode findet wahrscheinlich,
wie im Abschnitt I schon erwähnt, die Verdampfung
der Flüssigkeit zum gröfsten Teile statt, da die
Temperaturdifferenz zwischen überhitztem Dampf
und ihr am gröfsten ist. Die Überhitzungswärme
der Dämpfe wird in latente Wärme von niedrigerer
Temperatur übergeführt, was für den Wärmeaustausch im Kondensator einen Nachteil bedeutet.
Ist die Temperatur der Zylinderwandung infolge
Überhitzung der Dämpfe am Ende der Kompression höher als die dem Kondensatordruck entsprechende Siedetemperatur, so können durch die
verdampfende Flüssigkeit auch die Zylinderwandungen auf dem Wege von c nach d gekühlt
werden, wodurch ein günstiger Einflufs des Flüssigkeitsgehaltes hervortreten würde.

Aufserdem bietet die mit der Gröfse des
Flüssigkeitsgehaltes wechselnde Druckrohrtemperatur ein bequemes Merkmal für die Regulierung.

d) Expansionsperiode »d a«.

Im schädlichen Raume bleibt, wie im Abschnitt I erläutert wurde, am Ende eines Arbeits-
vorganges aufser dem trockenen Dampf auch
Flüssigkeit zurück, von welcher mehr oder weniger
während der Expansionsperiode verdampft, was
an dem Verlauf der Expansionslinie zu erkennen
ist. Da dieser Expansion auch eine Arbeitsleistung
entspricht, wird das Leistungsverhältnis selbst
nicht wesentlich beeinflufst. Zur Verdampfung
der Flüssigkeit im schädlichen Raume mufs jedoch
eine äquivalente Wärmemitteilung während der
Expansionsperiode selbst erfolgen, wozu die eigene
Wärme und diejenige der Zylinder- und Kolben-
wandungen disponibel ist. Dieser Vorgang setzt

natürlich auch eine genügend hohe Temperaturdifferenz voraus und ist infolgedessen bei der
Raschheit des Expansionsvorganges anzunehmen,
dafs die Wärmemitteilung nicht ebenso rasch
erfolgen kann, so dafs ein gewisser Flüssigkeitsrest
während der Saugperiode ohne Arbeitsleistung
nachverdampft; dadurch aber wird ein Leistungsverlust hervorgerufen. Auf diese Weise läfst sich
der schädliche Einflufs der Flüssigkeit im schädlichen Raume auf das Leistungsverhältnis begründen,

Aus diesen Überlegungen geht hervor, dafs sämtliche
unter 1. und 2. betrachteten Verluste einen Wärmeübergang von höherer zu tieferer Temperatur ohne
Arbeitsleistung hervorrufen, und dafs dieser zum gröfsten
Teil durch den Flüssigkeitsgehalt der Dämpfe vermittelt
wird. Im Vergleich zur vollkommenen Maschine aber
bedingt dieser Wärmeübergang nicht nur einen Arbeits-,
sondern auch einen Kälteverlust, da um den äquivalenten Betrag die nutzbare Kälteleistung verringert wird.

Aufser den bisher betrachteten Verlusten wären
auch noch die sich in Wärme umsetzenden Reibungs-
arbeiten von Kolben- und Kolbenstange sowie die
Kälteverluste der Leitungen und Apparate nach aufsen
zu erwähnen, welche sämtliche η_i verringern.

Hat man durch Versuche für bestimmte Maschinen-
typen die Gröfse von η_i ermittelt, so läfst sich die effektive Kälteleistung (Refrigeratorleistung) W_e aus dem Diagramm bestimmen, denn es ist

$$W_e = \eta_i \cdot W_i.$$

Der Wert von η_i ist im wesentlichen abhängig:
1. von der Gröfse und Güte der Maschine,
2. von den Druckgrenzen des Arbeitsprozesses,
3. von der Führung des Kompressorganges.

Für unsere heutigen Ammoniak-Kältemaschinen
bieten die Münchener Versuche die besten Unterlagen
zur Berechnung von η_i für verschiedene Temperaturgrenzen, welche auf Seite 60 und 61 für sämtliche

Versuche der Linde-Maschine 1890 und 1893 durchgeführt ist, und auf Seite 62 für alle untersuchten Maschinen für die Versuche mit Soletemperaturen — 2—5° C. und »einfacher Fläche«.

Dabei zeigt sich zwischen den betreffenden Werten der Versuche 1890 und 1893 an der »Linde«-Maschine ein beträchtlicher Unterschied, welcher unzweifelhaft mit den verschiedenen Druckrohrtemperaturen zusammenhängt.

Im Jahre 1893 wurde mit bedeutend wärmeren Druckrohren, also mit geringerem Flüssigkeitsgehalt gearbeitet, wodurch sich die Verluste im Kompressor um ca. 5 % verminderten, resp. der indizierte Wirkungsgrad sich erhöhte.

Die Maschine »Seyboth« hatte im Kompressor die geringsten Verluste, was auf die hohe Überhitzung zurückzuführen ist.

Der indizierte Wirkungsgrad der Nürnberger-Maschine war trotz warmer Druckrohre auffallend niedrig, was auf Undichtheiten der inneren Organe schliefsen läfst.

Dafs die in der Praxis erzielten indizierten Wirkungsgrade hinter denjenigen der Versuchsmaschinen nicht zurückstehen, beweisen die auf Seite 63 aufgeführten Ergebnisse einiger, vom Verfasser unter kompetenter Kontrolle ausgeführter Garantieversuche.

Bei den für die Leistungsmessung der Kältemaschine üblichen Drücken kann η_i zwischen nachstehenden Grenzen, je nach Güte der Ausführung und Führung des Kompressorganges, erfahrungsgemäfs folgendermafsen bewertet werden:

für sehr kleine Maschinen (bis 10000 Kal.)
$$\eta_i = 0,5 \text{ bis } 0,70,$$

für Maschinen mittlerer Gröfse (bis 50000 Kal.)
$$\eta_i = 0,70 \text{ bis } 0,85,$$

für gröfsere Maschinen (von 50000 Kal. an)
$$\eta_i = 0,85 \text{ bis } 0,90.$$

Münchener Versuche — Linde-Maschine 1890.

Berechnung der indizierten Kompressor-Wirkungsgrade für sinkende Salzwasser-Temperaturen.

Mittleres Zylindervolumen = V_o = 20,2 l

		I	II	III	IV
Soletemperaturen	t_s ° C	+6+3	−2−5	−10−13	−18−20
Tourenzahl pro Minute	n	44,91	45,1	45,5	44,76
Druckrohrtemperaturen					
Spez. Dampfmenge beim Ansaugen	x_a berechnet	0,935	0,910	0,90	0,88
Ansaugevolumen pro Hub	V_a l	19,5	19,4	18,5	17,8
Absoluter Refrigeratordruck	p_2 kg/qcm	3,89	2,95	2,13	1,56
Temperatur im Refrigerator	t_2 ° C	−2,91	−9,77	−17,43	−24,3
Absoluter Kondensatordruck	p_1 kg/qcm	9,25	9,24	9,00	8,89
Temperatur im Kondensator	t_1 ° C	22,45	21,53	20,72	20,34
Druck am Ende des Ansaugens	p_a kg/qcm	3,7	2,8	2,0	1,5
Spez. Volumen zu p_a	v_a cbm	0,349	0,452	0,587	0,781
Temperatur vor dem Regulierventil	t' ° C (angen.)	10	10	10	10
Flüssigkeitswärme bei t'	q' Kal.	+9,17	+9,17	+9,17	+9,17
Flüssigkeitswärme bei t_2	q_2 Kal.	−2,59	−8,6	−15,24	−20,9
Verdampfungswärme bei p_2	r_2 Kal.	318	322,2	326	328,8
Berechnete, indizierte Kälteleistung	W_i Kal.	91 955	70 250	51 433	36 060
Nachgewiesene Kälteleistung	W_e Kal.	78 170	58 110	39 780	26 860
Indizierter Wirkungsgrad des Kompressors	η_i	0,85	0,83	0,77	0,74

Münchener Versuche — Linde-Maschine 1893.

Berechnung der indizierten Kompressor-Wirkungsgrade für sinkende Salzwasser-Temperaturen.

Mittleres Zylindervolumen = V_s = 20,28 l		I	II	III	IV
Soletemperaturen	t_s ° C	6 · 3	−2 −5	−10 −13	−18 −21
Tourenzahl pro Minute	n	42,36	42,63	42,17	42,12
Druckrohrtemperaturen	t_m ° C	40	39	46	69
Spez. Dampfmenge beim Ansaugen	x_a (angen.)	0,95	0,95	0,95	0,95
Ansaugevolumen pro Hub	V_a l	19,9	19,7	19,1	18,9
Absoluter Refrigeratordruck	p_2 kg/qcm	4,18	3,29	2,39	1,7
Temperatur im Refrigerator	t_2 ° C	− 1,1	− 7,1	− 14,8	− 22,6
Absoluter Kondensatordruck	p_1 kg/qcm	9,15	9,08	8,74	8,59
Temperatur im Kondensator	t_1 ° C	21,2	21	20	19
Druck am Ende des Ansaugens	p_a kg/qcm	4,02	3,13	2,23	1,54
Spez. Volumen zu p_a	v_a cbm	0,324	0,408	0,561	0,788
Temperatur vor dem Regulierventil	t' ° C (angen.)	10	10	10	10
Flüssigkeitswärme bei t'	q' Kal.	8,83	8,83	8,83	8,83
Flüssigkeitswärme bei t_2	q_2 Kal.	− 0,9	− 6,3	− 13,1	− 19,4
Verdampfungswärme bei p_2	r_2 Kal.	316,7	320,7	324,8	328
Berechnete, indizierte Kälteleistung	W_i Kal.	96 000	75 100	52 000	36 400
Nachgewiesene Kälteleistung	W_e Kal.	86 412	66 515	43 539	30 611
Indizierter Wirkungsgrad des Kompressors	η_i	0,90	0,885	0,840	0,840

Münchener Versuche an Ammoniak-Kältemaschinen mit „einfacher Fläche" bei Soletemp. — 2; —5° C.
Berechnung der indizierten Kompressor-Wirkungsgrade.

Versuchsmaschinen Versuchsjahr		Linde		Seyboth	Nürnberg
		1890	1893	1892	1892
Mittleres Zylindervolumen	V_c l	20,2	20,28	20,64	20,61
Tourenzahl pro Minute	n	45,1	42,63	43,79	46,68
Druckrohrtemperaturen	t_m °C	ca. 22	39,5	67	41
Volum. Wirkungsgrad aus dem Diagramm	η_v	0,965	0,97	0,98	0,955
Spez. Dampfmenge beim Ansaugen	x_a (angen.)	0,91	0,95	0,98	0,95
Ansaugevolumen pro Hub	V_a l	19,3	19,7	20,2	19,7
Absoluter Refrigeratordruck	p_2 kg/qcm	2,95	3,29	3,04	3,08
Temperatur im Refrigerator	t_2 °C	— 9,8	— 7,1	— 9,05	— 8,7
Druck am Ende des Ansaugens	p_a kg/qcm	2,8	3,13	2,81	2,99
Sättigungstemperatur zu p_a	t_a °C	— 11,1	— 8,4	— 11,0	— 9,4
Spez. Volumen zu p_a	v_a cbm	0,452	0,408	0,450	0,424
Temperatur vor dem Regulierventil	t' °C (angen)	12	12	12	12
Flüssigkeitswärme bei t'	q' Kal.	11	11	11	11
Flüssigkeitswärme bei t_2	q_2 Kal.	— 8,6	— 6,3	— 8,0	— 7,8
Verdampfungswärme bei p_2	r_2 Kal.	322,2	320,7	321,4	321,3
Berechnete, indizierte Kälteleistung	W_i Kal.	69 490	74 750	71 400	78 530
Nachgewiesene Kälteleistung	W_e Kal.	58 110	66 515	64 336	65 172
Indizierter Wirkungsgrad des Kompressors	t_i	0,83	0,89	0,90	0,83

Neuere Versuche an ausgeführten Lindeschen Ammoniak-Kältemaschinen.

Berechnung des »indizierten Wirkungsgrades«.

Anlagen		Schlachth. Pforzheim	Schlachth. Ulm	Brauerei A. Printz, Karlsruhe	Schlachth. Kaiserslautern
Versuch ausgeführt am		23. 9. 98	19. 12. 01	11. 11. 00	17. 1. 02
Versuch kontrolliert durch		Hofrat Brauer	Württembg. D.K. Rev.V.	Hofrat Brauer	Pfälz. D.K. Rev.V.
Kompressor Nr.		12	12	14	13
Mittlere Tourenzahl pro Minute	n	66	68	53	59
Mittleres Zylindervolumen	V_c l	20,12	20,12	48,8	34,7
Mittlere Druckrohrtemperatur	t_m °C	60	69	60	45
Volumetr. Wirkungsgrad (aus dem Diagramm)	η_v	0,959	0,972	0,963	0,975
Ansaugevolumen pro Hub	$V_a = \eta_v \cdot V_c$	19,3	19,55	42,2	33,8
Spez. Dampfmenge beim Ansaugen (angen.)	x_a	0,95	0,95	0,95	0,95
Abs. Druck am Ende des Ansaugens	p_a kg/qcm	2	2,41	2,59	2,6
Sättigungstemperatur zu p_a	t_a °C	— 19	— 14,7	— 13	— 12,9
Spez. Dampfvolumen zu p_a	v_a cbm	0,622	0,520	0,488	0,486
Abs. Refrigeratordruck	p_2 kg/qcm	2,17	2,62	2,8	2,865
Sättigungstemperatur zu p_2	t_2 °C	— 17	— 12,6	— 11,1	— 10,5
Temp. vor dem Regulierventil (angenommen)	t' °C	12	12	12	12
Flüssigkeitswärme bei t'	q' Kal.	11,05	11,05	11,05	11,05
Flüssigkeitswärme bei t_a	q_2 Kal.	— 14,82	— 11,07	— 9,6	— 9,31
Verdampfungswärme bei p_2	r_2 Kal.	325,8	323,7	322,8	322,6
Indizierte Kälteleistung	W_i Kal.	73 300	93 400	165 500	152 000
Ermittelte Kälteleistung	W_e Kal.	62 170	84 100	149 500	132 000
Indizierter Wirkungsgrad des Kompressors	η_i	0,85	0,9	0,91	0,87

Vierter Abschnitt.

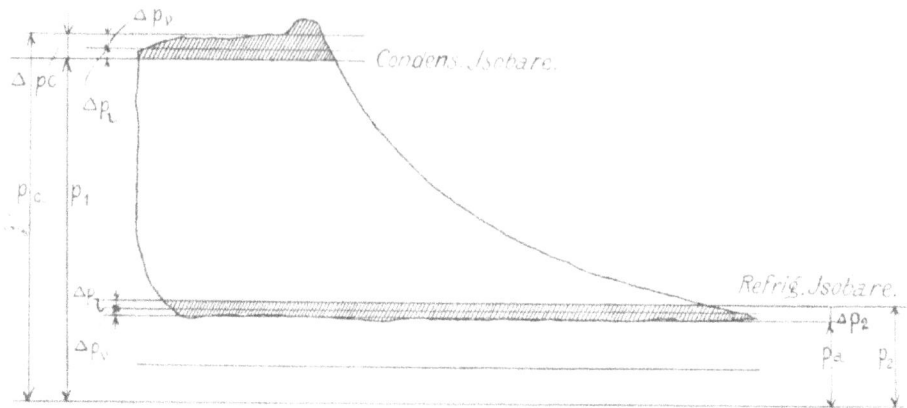

Fig. 5.

Ventil- und Leitungs-Widerstände.

Um diese aus dem Diagramm zu erkennen, sind die Kondensator-Isobare zu p_1 und die Refrigerator-Isobare zu p_2 in Fig. 5 eingezeichnet. Die hierdurch separierten und schraffierten Flächen stellen die Arbeiten dar, welche zur Überwindung der Widerstände in den Ventilen und Leitungen aufgewendet werden müssen. Mittels Planimetrierens lassen sich aus denselben die mittleren Höhen und damit die mittleren Drücke $\mathit{\Delta} p_2$ und $\mathit{\Delta} p_c$ ermitteln.

Diese sind die Widerstände, welche die Ventile und Leitungen dem Überströmen der Dämpfe aus dem

Zylinder in den Kondensator, resp. aus dem Refrigerator in den Zylinder entgegenstellen.

Die zuverlässige Bestimmung dieser Werte aus den Diagrammen bietet aber nicht unerhebliche materielle Schwierigkeiten, welche in der Ungenauigkeit der Mano meter, der Manometerangaben und -Ablesungen sowie des Mafsstabes der Indikatorfedern begründet sind. Es dürfen deshalb nur sorgfältig geprüfte Manometer und Indikatorfedern zu solchen Bestimmungen Verwendung finden. Über die Ablesungen müssen bestimmte Verein barungen getroffen und eingehalten werden, welche sich aus folgenden Überlegungen ableiten:

Der Ausschlag des Manometers ist einerseits be dingt durch dessen Konstruktion, andererseits aber durch die unvermeidlichen Druckschwankungen, deren Ursachen zunächst zu erforschen sind. Im Beharrungszustand werden im Refrigerator pro Zeiteinheit gleiche Dampf mengen gebildet, im Kondensator verflüssigt.

Die vom Kompressor aus dem Refrigerator abge saugten, resp. in den Kondensator gedrückten Dampf mengen variieren aber mit der jeweiligen Kolben geschwindigkeit, welche zwischen O und einem maxi malen Wert pro Hub wechselt. Da das Volumen der Leitungen nicht sehr grofs ist, entstehen in denselben während jeden Kolbenspieles Druckschwankungen, welche entsprechende Ausschläge des Manometerzeigers bedingen. In den Drucklinien und Sauglinien der Dia gramme sind erstere deutlich zu erkennen; es sind diese Linien daher auch keine vollkommenen, sondern, wie schon in Abschnitt I erwähnt, nur annähernde Isobaren.

Lorenz hat diese Vorgänge in den Leitungen rechnerisch verfolgt in seiner Abhandlung »Bewegung der Kompressorventile«, Z. d. g. K. 1897, worauf hier verwiesen werden kann. Um diesen Schwierigkeiten in den Manometerablesungen zu begegnen, müssen für ver gleichende Zwecke oben erwähnte Vereinbarungen mög lichst strenge eingehalten werden, welche sind:

5

1. Die Manometerhahnen müssen so weit geöffnet werden, dafs der Zeiger einige Millimeter ausschlägt.
2. Die Ablesungen müssen in der Ruhelage des Zeigers erfolgen, d. h. beim Druckmanometer ist die untere, beim Saugmanometer die obere Druckangabe gültig.

Die Befolgung dieser Regeln wurde bei allen in dieser Abhandlung benutzten Versuchen sorgfältig beobachtet. (Bei den Münchener Versuchen wurde am Druckmanometer nicht die Ruhelage des Zeigers, sondern das Mittel dessen Ausschlages abgelesen.)

Die auf diese Weise resultierenden Gesamtwiderstände Δp_2 und Δp_c^{-} zerfallen nun in zwei Teile, nämlich in die Widerstände der Leitungen, welche mit Δp_l, und in die Widerstände der Ventile, welche mit Δp_v bezeichnet werden mögen.

Die schematische Darstellung in Figur 6 veranschaulicht die Entstehung und Zerlegung dieser Gesamtwiderstände.

Es ist nach Figur 6

$$\Delta p_2 = p_2 - p_a = (p_2 - p'_2) + (p'_2 - p_a) = \text{Leitungs-} + \text{Ventil-Widerstand.}$$

$$\Delta p_c = p_c - p_1 = (p'_1 - p_1) + (p_c - p'_1) = \text{Leitungs-} + \text{Ventil-Widerstand.}$$

Die Werte Δp_2 und Δp_c lassen sich nun bekanntlich allgemein durch die Formel ausdrücken:

$$\Delta p = \varphi \cdot \gamma \cdot w^2.$$

Hierin bedeutet:

γ die Dampfdichte, welche für Δp_2 auf den Druck im Refrigerator $= p_2$ und für Δp_c auf den Druck im Zylinder $= p_c$ zu beziehen ist;

w die mittlere Strömungsgeschwindigkeit der Dämpfe in den Leitungen, resp. in den Ventilen;

φ die Konstante, welche der Länge und Gestaltung der Leitungen, den Kontraktionseinflüssen, der Zähigkeit der Dämpfe etc. Rechnung trägt.

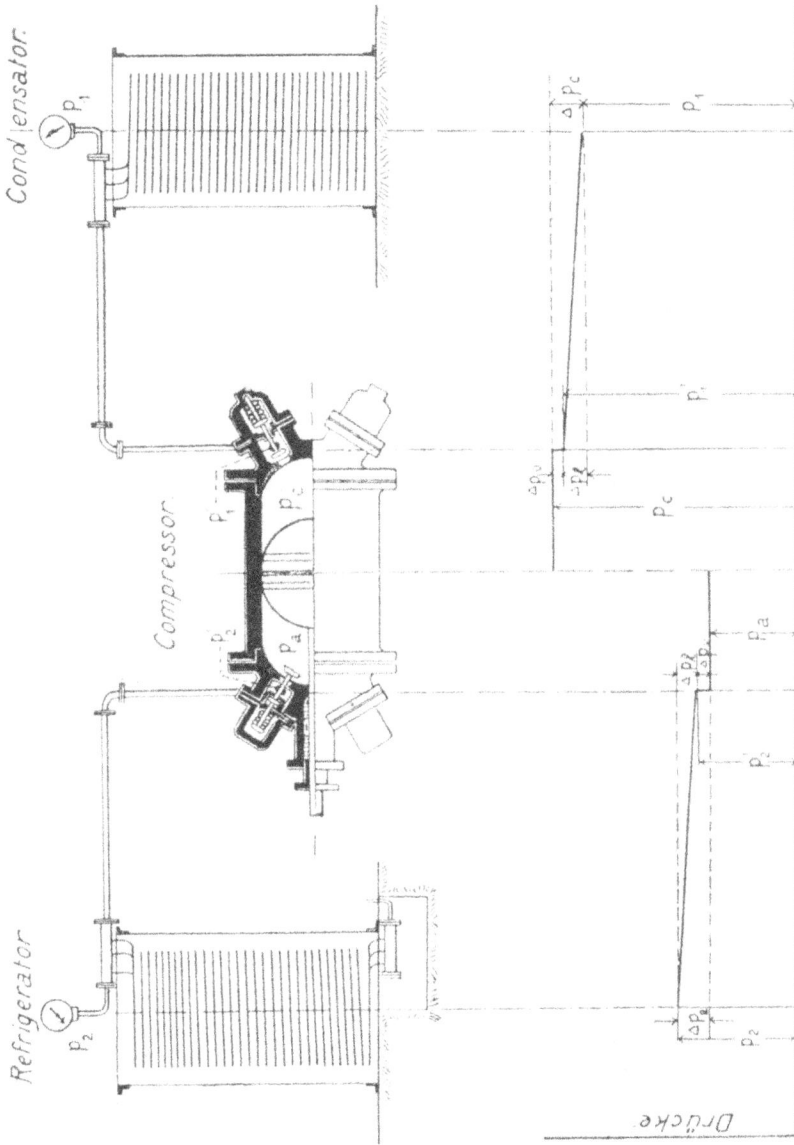

Bezeichnet man ferner mit

F den Kolbenquerschnitt, mit

f den Ventilquerschnitt und mit

v die mittlere Kolbengeschwindigkeit, so ist

$$w = v \cdot \frac{F}{f} \cdot$$

Es kann angenommen werden, dafs $\frac{F}{f}$ für Maschinen gleichen Systems konstant ist, so dafs auch

$$\varDelta p = \varphi \cdot \gamma \cdot v^2 \cdot$$

Man erkennt hieraus, dafs diese Widerstände einerseits abhängig sind von den physikalischen Eigenschaften des benutzten Kältemediums, also vom System und von der Konstruktion, welche die Dampfgeschwindigkeit w bedingen, anderseits aber auch bei Maschinen bestimmter Art und Konstruktion von der Disposition der Anlage, von den jeweiligen Tourenzahlen und Drücken.

Für eine ausgeführte Maschine sollten nach obiger Formel die Ventil- und Leitungswiderstände direkt proportional sein dem Quadrate der Tourenzahl und der Dampfdichte, vorausgesetzt, dafs keine konstanten Widerstände in den Ventilen und Leitungen auftreten.

Auf Seite 73 wird nachgewiesen, dafs der Ventilwiderstand nur so weit sich verringern kann, bis er gleich dem Federwiderstand ist und dann einen konstanten Wert beibehält, welcher gleich dem Federwiderstand ist; diese untere Grenze kann aber durch Reibung im Ventil selbst erhöht werden. Zur experimentellen Prüfung der durch obige Formel ausgedrückten Abhängigkeit wurden an der Maschinenanlage der Brauerei A. Printz in Karlsruhe die Diagramme, welche in Serie III und IV wiedergegeben sind, unter nachstehenden Betriebsverhältnissen abgenommen:

Serie III: Tourenzahl und Kondensatordruck gleichbleibend; Refrigeratordruck veränderlich.

Serie IV: Kondensator- und Refrigeratordruck gleichbleibend; Tourenzahl veränderlich.

Die Ergebnisse sind in den Tabellen zu Serie III und IV wiedergegeben:

Tabelle zu Serie III.

Periode	n	v	γ	Δp_2	φ
1	63	1,13	$\frac{1}{450}$	0,33	115
2	63	1,13	$\frac{1}{550}$	0,27	115
3	63	1,13	$\frac{1}{700}$	0,21	115

Die Gleichheit der Werte von φ beweist, daſs die Widerstände Δp_2 bei diesem Versuche tatsächlich direkt proportional den Dampfdichten sich änderten.

Tabelle zu Serie IV.

Periode	n	v	γ	Δp_2	φ
1	40	0,72	$\frac{1}{550}$	0,133	140
2	63	1,13	$\frac{1}{550}$	0,27	115

Man erkennt aus Tabelle IV, daſs der Koeffizient φ bei der geringeren Kolbengeschwindigkeit $v = 0,72$ m beträchtlich gröſser ist als bei $v = 1,13$ m.

Wäre aber der Widerstand Δp_2 tatsächlich proportional dem Quadrate der Kolbengeschwindigkeit, so hätte sich für φ bei 63 und 40 Touren pro Minute annähernd der gleiche Wert ergeben müssen.

Es scheinen sich also bei der geringen Kolbengeschwindigkeit bereits konstante Widerstände in Ventilen und Leitungen bemerkbar zu machen, so daſs der Gültigkeitsbereich der Formel für Δp_2 schon unterschritten ist.

Serie III.
Periode I.

Federmassstab. 1 kg = 6 m/m.

$\Delta p_2 = 0,33$ kg.

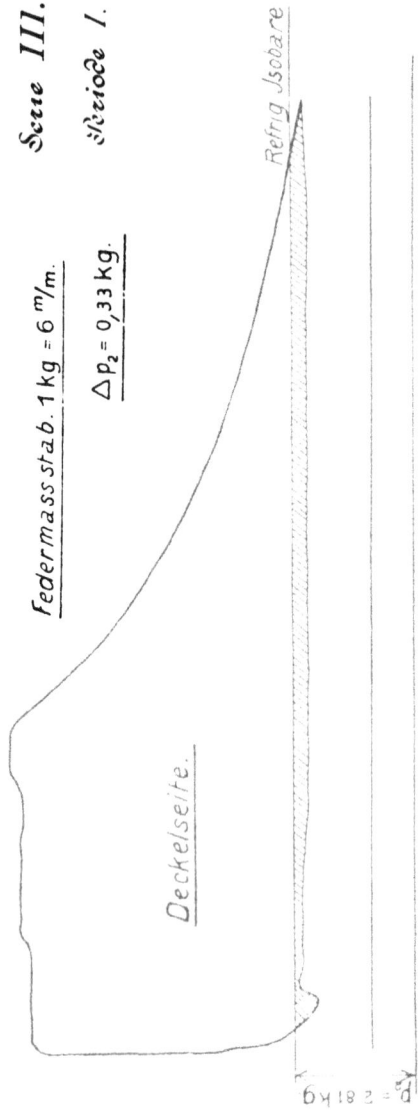

Retrig Jsobare

Deckelseite.

$p_2 = 2,81$ kg

Periode II.

$\Delta p_2 = 0,27$ kg

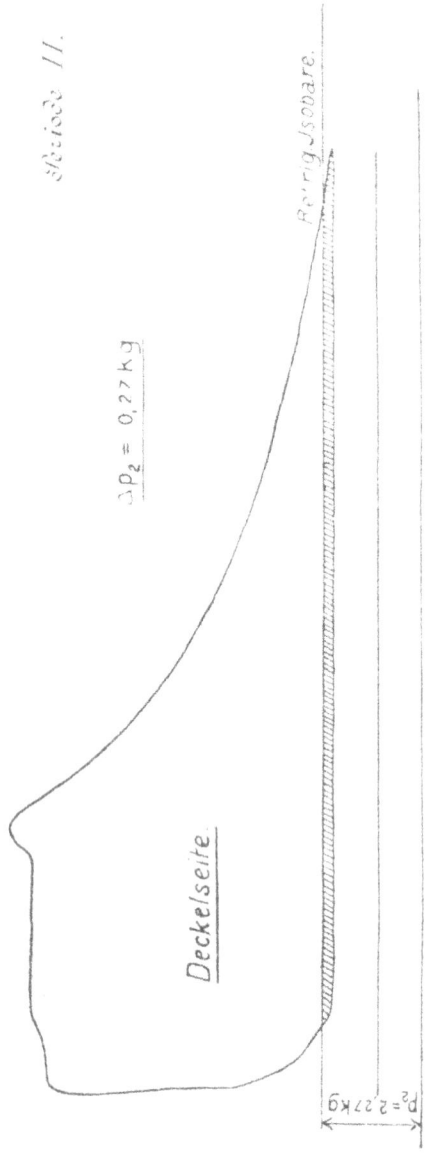

Retrig Jsobare.

Deckelseite

$p_2 = 2,27$ kg

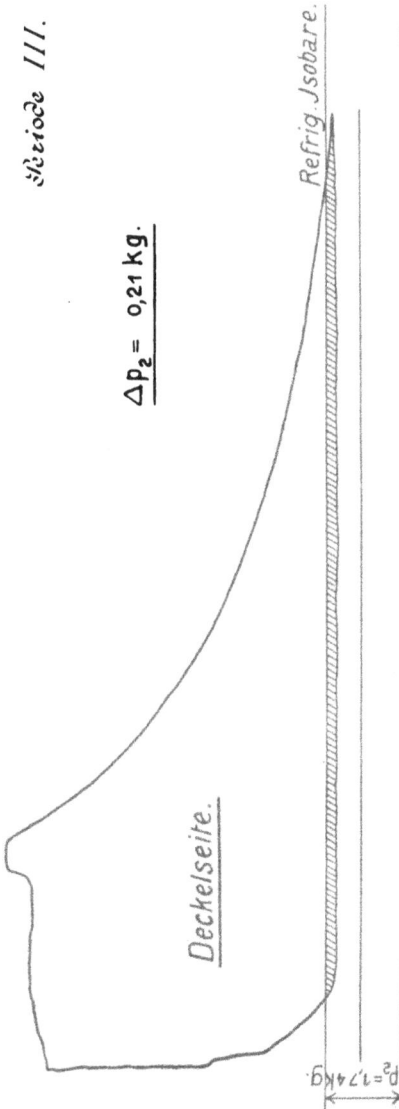

Periode III.

$\Delta p_2 = 0{,}21$ kg.

Refrig. Jsobare.

Deckelseite.

$p_2 = 1{,}74$ kg.

Die Leitungs-
widerstände sind
naturgemäfs je
nach Länge und
Verlauf der Lei-
tungen verschie-
den und bei sehr
langen und viel-
fach gekrümmten
Leitungen be-
trächtlich; man
kann sie experi-
mentell an ausge-
führten Maschinen
bestimmen, ent-
weder durch die
Differenz der Ma-
nometerdrücke,
indem man direkt
auf den Konden-
sator und Refri-
gerator und dicht
am Kompressor
geprüfte Mano-
meter aufsetzt,
deren Ablesungs-
unterschiede die
Leitungswider-
stände anzeigen,
oder aus der Dif-
ferenz des Ge-
samtwiderstandes
und des mittels
des Indikators
leicht zu ermitteln-
den Ventilwider-
standes. Auf diese

Serie IV.
Periode I.

Federmaßstab 1 kg = 5 mm.
Tourenzahl n = 40 per Min.

$\Delta p_2 = 0,133 kg$

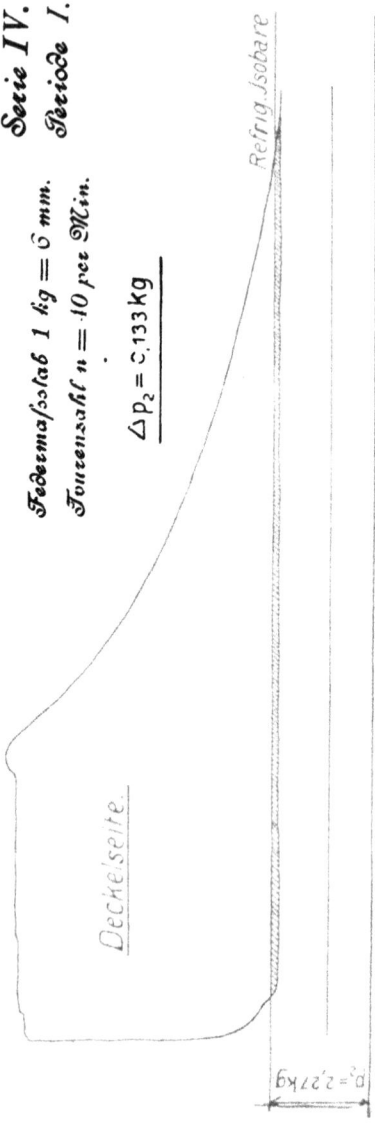

Refrig. Isobare

Deckelseite

$p_2 = 2,27 kg$

Periode II.

Tourenzahl n = 63 per Min.

$\Delta p_2 = 0,27 kg$

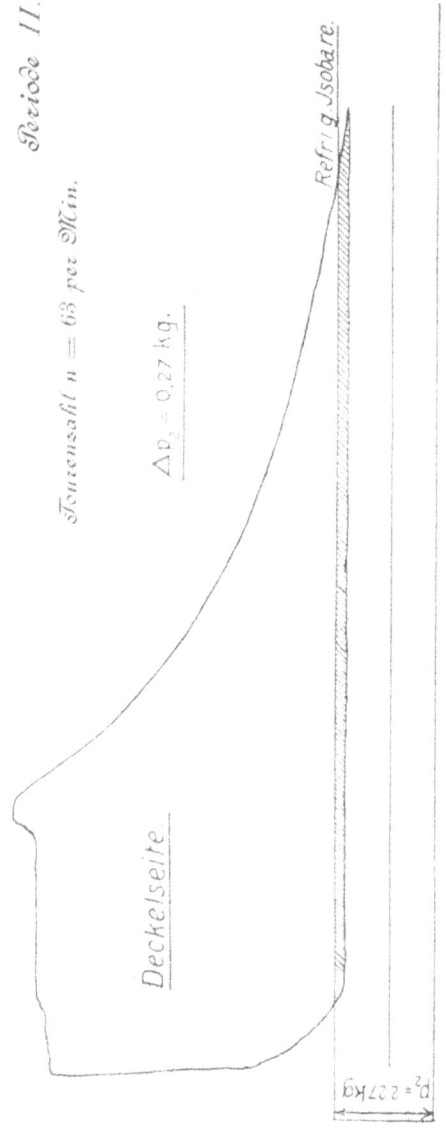

Refrig. Isobare

Deckelseite

$p_2 = 2,27 kg$

Weise wurden vom Verfasser an mehreren Anlagen die Ventil- und Leitungswiderstände separat ermittelt:

Es ergaben sich hierbei folgende ungefähre Grenzwerte für Kolbengeschwindigkeiten von 0,8 bis 1,1 m:

$$\gamma_c = \text{ca.} \; \frac{1}{145} \; ; \; \gamma_2 = \frac{1}{450}$$

Leitungswiderstände	$= \varDelta p_2 l = 0,1$ bis 0,25 kg	
	$\varDelta p_c l = 0,15$ » 0,4 »	
Ventilwiderstände	$= \varDelta p_2 v = 0,1$ » 0,15 »	
	$\varDelta p_c v = 0,12$ » 0,18 »	

Bei der theoretischen Untersuchung der Ventilwiderstände ist vor allem der Einfluß der Feder festzustellen, welche das Ventil in seiner Lage erhält und einen raschen und sicheren Schluß desselben bewirkt.

Bezeichnet man mit P_f in kg den Druck der Feder auf den gänzlich geöffneten Ventilkegel, die dem Strömungsdruck der Dämpfe zunächst ausgesetzte kleinere Fläche desselben mit q in qcm, so ist $\frac{P_f}{q} = \varDelta p_f = $ Druck auf 1 qcm der Ventilfläche.

Um dem Dampf beim Durchströmen durch den freien Querschnitt die Geschwindigkeit w zu erteilen, ist nach vorhergehendem der Überdruck $\varDelta p_v$ nötig, welcher auf jeden Flächenteil des Zylinderinnern, also auch auf die Ventilfläche q, wirkt. Durch denselben wird auf den Ventilkegel ohne irgend welchen Einfluß der Feder ein Reaktionsdruck $q \cdot \varDelta p_v$ ausgeübt; dieselbe hat daher auf den Ventilwiderstand $\varDelta p_v$ so lange keinen Einfluß, als $\varDelta p_f \leq \varDelta p_v$ ist.

Ist $\varDelta p_f > \varDelta p_v$, so ist der Ventilwiderstand $= \varDelta p_f$ also nur abhängig von dem Widerstand der Feder.

$\varDelta p_v = \varDelta p - \varDelta p_l$ beträgt bei den in Frage stehenden Maschinen, wie die nachfolgend wiedergegebenen Versuchsergebnisse beweisen, selbst bei geringeren Tourenzahlen mindestens 0,1 kg/qcm, und $P_f = q \cdot 0,1$ kg ergibt schon ziemlich starke und für alle Fälle genügende

Federn, so dafs unter normalen Verhältnissen die Feder auf den Widerstand überhaupt keinen Einflufs hat, wenn nicht verständnislose Dimensionierungen vorliegen oder unbeabsichtigte Reibungs- und sonstige Störungen des Ventilspieles eintreten.

Da letztere nicht selten sind, ist es für die Prüfung der Maschinen von Wichtigkeit, für verschiedene Tourenzahlen und Drücke gute Mittelwerte für Δp_2 und Δp_c zu ermitteln, wozu weiter unten eine empirische Formel abgeleitet wird.

Der Einflufs der Ventil- und Leitungswiderstände auf die Leistung der Maschine läfst sich auf rechnerischem Wege mit Hilfe der im Abschnitt II entwickelten Formeln verfolgen:

1. Änderung der indizierten Arbeit.

Für die mittleren Diagrammdrücke p_a und p_c ist

$$N_i = 0{,}0018 \cdot n \cdot p_a \cdot V_c \left[\left(\frac{p_c}{p_a} \right)^{0,242} - 1 \right]$$

und für den Refrigeratordruck p_2

und für den Kondensatordruck p_1 wäre

$$N'_i = 0{,}0018 \cdot n \cdot p_2 \cdot V_c \left[\left(\frac{p_1}{p_2} \right)^{0,242} - 1 \right]$$

Es wäre also:

$$N'_i = N_i \cdot \frac{p_2}{p_a} \frac{\left(\frac{p_1}{p_2} \right)^{0,242} - 1}{\left(\frac{p_c}{p_a} \right)^{0,242} - 1}$$

2. Änderung der effektiven Kälteleistung.

Für Ansaugedruck p_a im Diagramm ist

$$W_e = 120 \cdot n \cdot \frac{V_c}{v_a} \left(r_2 - \frac{1}{x_a} q \right) \eta_i \cdot \eta_v,$$

und für den Refrigeratordruck p_2 wäre

$$W'_e = 120 \cdot n \cdot \frac{V_c}{v_2} \left(r_2 - \frac{1}{x_2} q \right) \cdot \eta'_i \cdot \eta'_v.$$

Es wäre also:

da $x_a = x_2$ gesetzt werden kann und ebenso $\eta_i = \eta'_i$ und $\eta_r = \eta'_r$.

$$W'_e = W_e \cdot \frac{v_a}{v_2}.$$

3. Änderung des Leistungsverhältnisses.

Dieses ist für die Diagrammdrücke p_c und $p_a = \frac{W_e}{N_i}$ und wäre für die Refrigerator- und Kondensator-drücke p_2 resp. $p_1 = \frac{W'_e}{N'_i}$.

Um zuverlässige Anhaltspunkte über die durch die Ventil- und Leitungswiderstände bedingten Verluste zu gewinnen, wurden die Drücke $\varDelta p_2$ und $\varDelta p_c$ aus den Diagrammen Serie II bestimmt und mit Hilfe vorstehender Formeln für die Münchener Versuche mit »einfacher Fläche« und normalen Soletemperaturen $-2 -5\,^0\mathrm{C}$

die effektive Kälteleistung W_{e_r},

die indizierte Kompressorarbeit N_i und

das Leistungsverhältnis $\frac{W_e}{N_i}$

auf die Refrigerator- und Kondensatordrücke p_1 und p_2 umgerechnet und mit obigen Werten in Vergleich gesetzt (s. S. 76 u. 77).

Man erkennt, dafs die Kälteleistung durch die Ventil- und Leitungswiderstände beträchtlich vermindert wird, ebenso das Leistungsverhältnis, während die indizierte Kompressorarbeit sich aber nur ganz wenig erhöht. Die prozentualen Verluste müssen als unterste Grenzwerte betrachtet werden, da in der Praxis die Ventil- und Leitungswiderstände beträchtlich gröfser sind.

Bei Übertragung dieser Resultate auf die Praxis sind daher aufser der jeweiligen Länge der Leitungen vor allem die Umdrehungszahlen der Kompressoren zu berücksichtigen, da diese Maschinen aus wirtschaft-lichen Gründen mit beträchtlich höheren Touren-zahlen arbeiten müssen als die Münchener Versuchs-maschinen.

Münchener Versuche an Ammoniak-Kältemaschinen mit einfacher Fläche

bei Soletemperaturen −2; −5° C.

Verluste durch Ventile und Leitungen.

Versuchsmaschinen		Linde		Seyboth	Nürnberg
Versuchsjahr		1890	1893	1892	1892
Mittlere Kolbengeschwindigkeit	$v = \frac{s \cdot n}{30}$	0,63	0,6	0,58	0,67
Absoluter Refrigeratordruck	p_2	2,95	3,29	3,04	3,08
Absoluter Druck während des Ansaugens	p_a	2,8	3,13	2,81	2,99
Druckverlust während des Ansaugens	Δp_a	0,15	0,16	0,23	0,09
Spez. Dampfvolumen in Lit. bei p_2	v_2	428	390	418	414
Spez. Dampfvolumen in Lit. bei p_a	v_a	452	408	450	424
Absoluter Kondensatordruck	p_1	9,24	9,08	9,09	9,26
Mittlere Druckerhöhung beim Hinausschieben	Δp_c	0,15	0,16	0,17	0,12
Mittlerer absoluter Druck beim Hinausschieben	p_c	9,39	9,24	9,26	9,38

a) Kälteleistung.

Nachgewiesene Kälteleistung	W_e	58 110	66 515	64 336	65 172
Umgerechnete Kälteleistung auf p_2	W'_e	61 370	69 570	69 280	66 740
Kälteverluste in Prozent von W_e	$\frac{W_e - W'_e}{W'_e} \cdot 100$	5,3 %	4,6 %	7,1 %	2,4 %

b) Indizierte Arbeit.

Nachgewiesene indizierte Arbeit	N_i	15,2	14,5	15,35	16,47
Umgerechnete indizierte Arbeit auf p_1 und p_2	N'_i	15,0	14,15	15,05	16,22
Arbeitserhöhung in Prozent von N_i	$\frac{N'_i - N_i}{N'_i} \cdot 100$	1,33	2,48	2,0	1,5 %

c) Leistungsverhältnis.

Nachgewiesenes Leistungsverhältnis	$\frac{W_e}{N_i}$	3823	4588	4190	3960
Umgerechnetes Leistungsverhältnis auf p_1 und p_2	$\frac{W'_e}{N'_i}$	4090	4920	4600	4110
Leistungsverluste in Prozent	$\frac{\frac{W'_e}{N'_i} - \frac{W_e}{N'_i}}{\frac{W'_e}{N'_i}} \times 100$	6,5 %	6,8 %	8,9 %	3,7 %

Die Ventil- und Leitungswiderstände wachsen aber mit dem Quadrate der Strömungsgeschwindigkeit des Mediums.

Wie nun mit Hilfe zuverlässiger Versuchsergebnisse die fraglichen Widerstände für die Maschinen der Praxis vorausberechnet werden können, lehrt nachfolgende Entwicklung:

Nach früherem ist der nötige Überdruck Δp zur Erzeugung einer gewissen Dampfgeschwindigkeit w

$$\Delta p = \varphi\, u^2 \cdot \gamma = \varphi \cdot \gamma \cdot \left(v\, \frac{F}{f}\right)^2.$$

Hierin bedeuten:

w Strömungsgeschwindigkeit im Ventil,

φ konstanter, empirischer Koeffizient,

F Kolbenquerschnitt,

f Ventilquerschnitt,

γ Gewicht von 1 l Dampf in kg,

v mittlere Kolbengeschwindigkeit.

Für andere Werte von $\dfrac{F'}{f'}$ und γ' ist

$$\Delta p' = \Delta p \cdot \frac{\gamma' \cdot \left(v'\, \frac{F'}{f'}\right)^2}{\gamma \left(v\, \frac{F}{f}\right)^2}.$$

Für Maschinen gleicher Gattung ist, wie oben schon erwähnt, anzunehmen, daß

$$\frac{F}{f} = \frac{F'}{f'},$$

so daß die Formel sich vereinfacht in

$$\Delta p' = \Delta p\, \frac{v'^2}{v^2} \cdot \frac{\gamma'}{\gamma}.$$

Ferner erhält man die Konstanten für gegebene Kolbengeschwindigkeiten und Dampfdichten einer Maschine aus folgenden Formeln:

a) für die Druckperiode $\Delta p_c = \varphi_c \cdot v^2 \cdot \gamma_c$,

b) für die Saugperiode $\Delta p_2 = \varphi_2 \cdot v^2 \cdot \gamma_2$.

In nachfolgender Tabelle VI sind für die Münchener Versuchsmaschinen die Werte dieser Konstanten zusammengestellt; dieselben sind aus den Diagrammen mittels Planimetrierens nach oben beschriebener Weise ermittelt, wobei jedoch darauf hingewiesen werden muſs, daſs die erreichbare Genauigkeit bei der Kleinheit der Flächen keine groſse sein kann.

Tabelle VI.

Versuchsmaschinen	c	γ_2	γ_c	$\varDelta p_2$	$\varDelta p$	φc	φ_2
Linde 1890	0,63	$\frac{1}{428}$	$\frac{1}{145}$	0,15	0,14	54	150
Linde 1893	0,60	$\frac{1}{396}$	$\frac{1}{147}$	0,11	0,16	62	150
Nürnberg	0,67	$\frac{1}{414}$	$\frac{1}{145}$	0,10	0,12	42	92
Seyboth	0,58	$\frac{1}{418}$	$\frac{1}{146}$	0,18	0,17	74	220
Mittelwert der Konstanten ca.						60	153

Zur Gewinnung brauchbarer Werte von φ_2 und φ_c für die Praxis wurden diese Konstanten auch aus Garantieversuchen, welche der Verfasser unter fachmännischer Kontrolle an verschiedenen Anlagen ausgeführt hat, berechnet. Die hierzu benutzten Diagramme sind mit allen Angaben auf Seite 81—86 beigefügt; in der Tabelle VII sind die zur Berechnung benutzten Werte zusammengestellt.

Zur Vorausberechnung und Kontrolle der Ventil- und Leitungswiderstände nach dem hier beschriebenen Verfahren lassen sich daher nachstehende Formeln ableiten:

Es ist
$$\varDelta p_2 = 125 \cdot \gamma_2 \cdot v^2$$
$$\varDelta p_c = 55 \cdot \gamma_c \cdot v^2.$$

Es muſs aber besonders darauf aufmerk-
sam gemacht werden, daſs diese Formeln nur
für Ammoniakmaschinen und in der Praxis
übliche Kolbengeschwindigkeiten verwend-
bar sind.

Tabelle VII.

Versuch	v	γ_2	γc	Δp_2	Δpc	qc	q_2
Schlachthof Kaisers-lautern . . . . . }	0,982	$\frac{1}{444}$	$\frac{1}{142}$	0,26	0,29	120	43
Schlachthof Pforzheim }	0,925	$\frac{1}{574}$	$\frac{1}{140}$	0,20	—	134	—
Schlachthof Ulm a. D. }	0,950	$\frac{1}{515}$	$\frac{1}{169}$	0,22	0,38	127	70
Brauerei Moninger, Karlsruhe . . . . }	1,12	$\frac{1}{500}$	$\frac{1}{136}$	0,31	0,41	123	44
Brauerei Printz, Karls-ruhe . . . . . }	0,950	$\frac{1}{440}$	$\frac{1}{141}$	0,25	0,38	122	60
Brauerei Meyer Söhne, Riegel . . . . }	0,950	$\frac{1}{435}$	$\frac{1}{139}$	0,275	0,41	132	51
Als Mittelwerte ergeben sich						126,3	53,4

Städtischer Schlachthof Kaiserslautern.

Federmaßstab = 1 kg = 5 mm.

$\Delta p_c = 0,28\,kg$

$p_1 = 9,2\,kg$

Refrig. Jsobare.

Cond. Jsob.

Kurbelseite.

1

0

Δp_2

$p_2 = 2,84\,kg$

$\Delta p_2 = 0,25\,kg/qcm$

Federmaßstab = 1 kg = 5 mm.

$\Delta p_2 = 0,27\,kg.$

Refrig. Jsobare.

$p_2 = 2,8\,kg.$

Δp_2

Cond. Jsobare.

Deckelseite.

$\Delta p_c = 0,3\,kg.$

$p_1 = 9,2.$

6

Städt. Schlachthof, Pforzheim.
(Druckmanometer unzuverlässig.)

Federmaßstab = 1 kg = 4,86 mm.

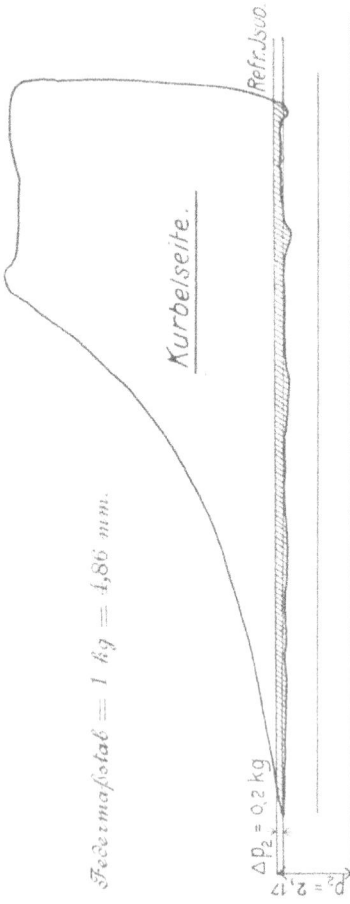

Kurbelseite.

Refr.Jsoo.

$\Delta p_2 = 0,2$ kg

$p_2 = 2,17$

Federmaßstab = 1 kg = 4,65 mm.

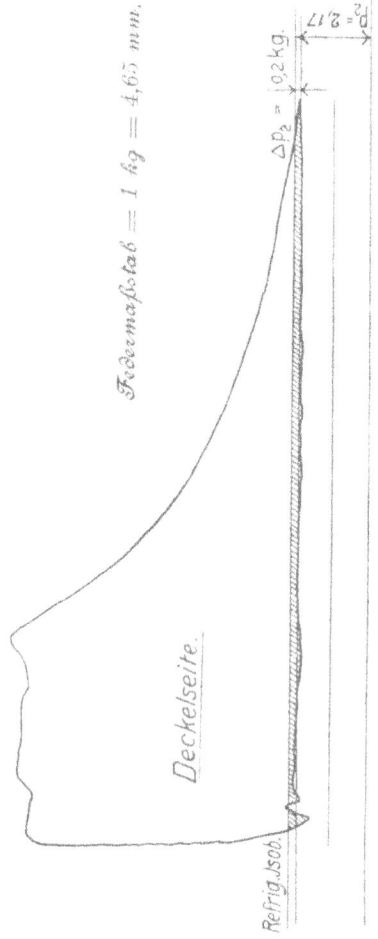

Deckelseite.

Refrig.Jsob.

$\Delta p_2 = 0,2$ kg

$p_2 = 2,17$

Schlachthof Ulm.

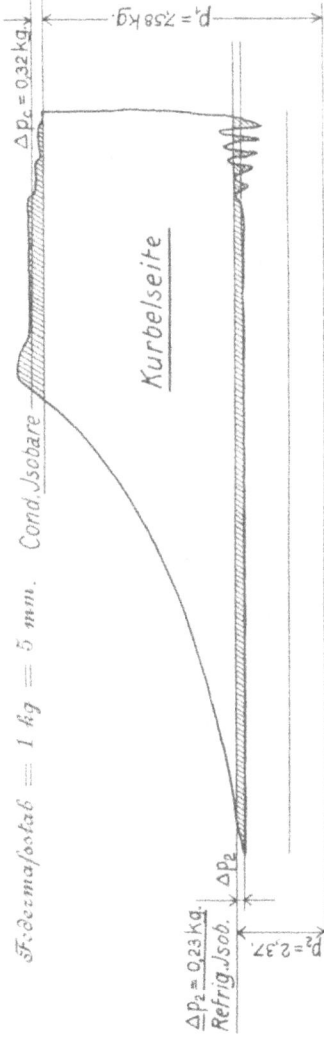

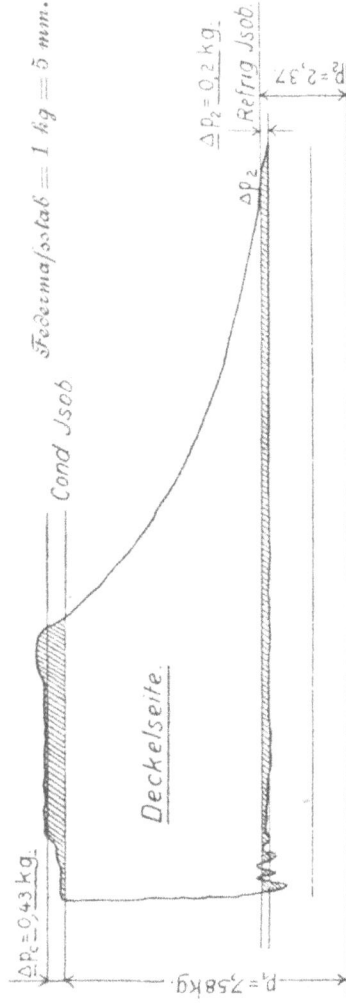

Brauerei Moninger, Karlsruhe.

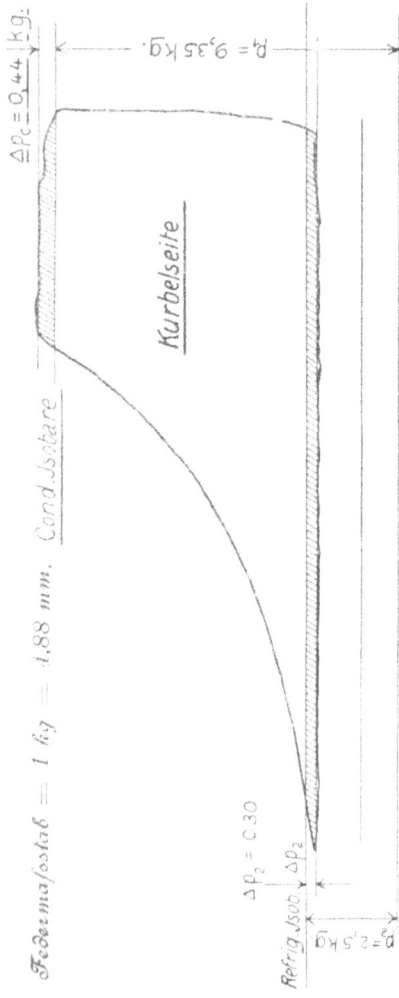

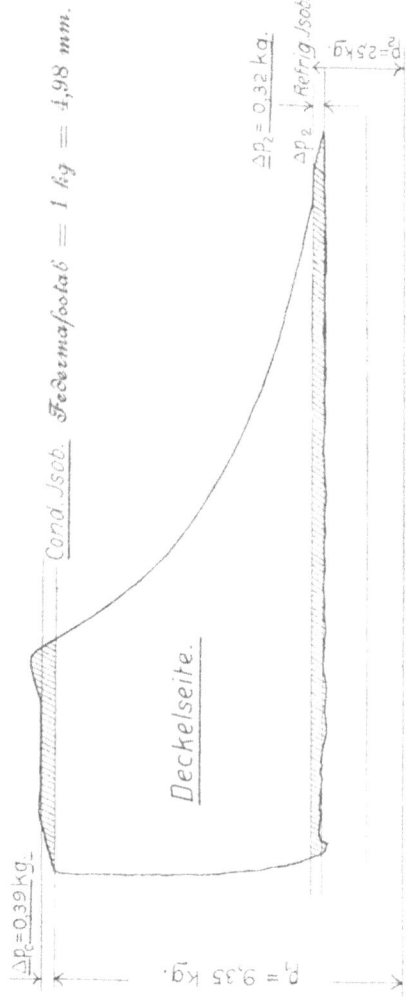

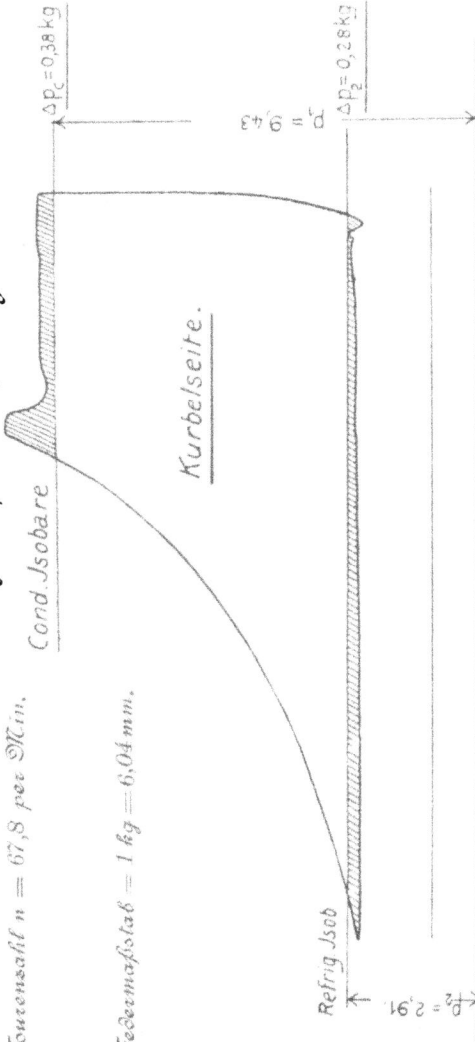

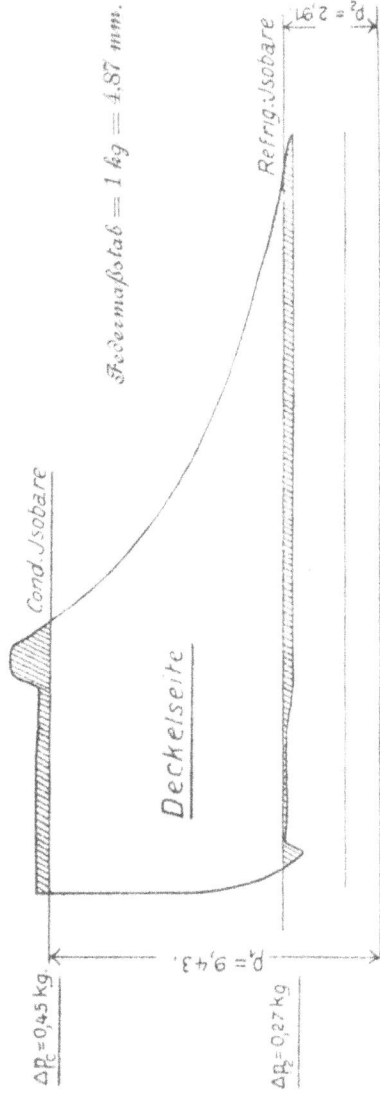

Brauerei Meyer & Söhne, Riegel.

Tourenzahl $n = 67,8$ per Min.

Federmaßstab $1\ kg = 6,04\ mm.$

Cond. Jsobare

Kurbelseite.

Refrig. Jsob.

$\Delta p_c = 0,38\ kg$

$\Delta p_2 = 0,28\ kg$

$p_1 = 9,43.$

$p_2 = 2,91.$

Federmaßstab $1\ kg = 4,87\ mm.$

Refrig. Jsobare

Cond. Jsobare

Deckelseite.

$p_2 = 2,91.$

$\Delta p_c = 0,45\ kg$

$\Delta p_2 = 0,27\ kg$

$p_1 = 9,43.$

Brauerei A. Printz, Karlsruhe.

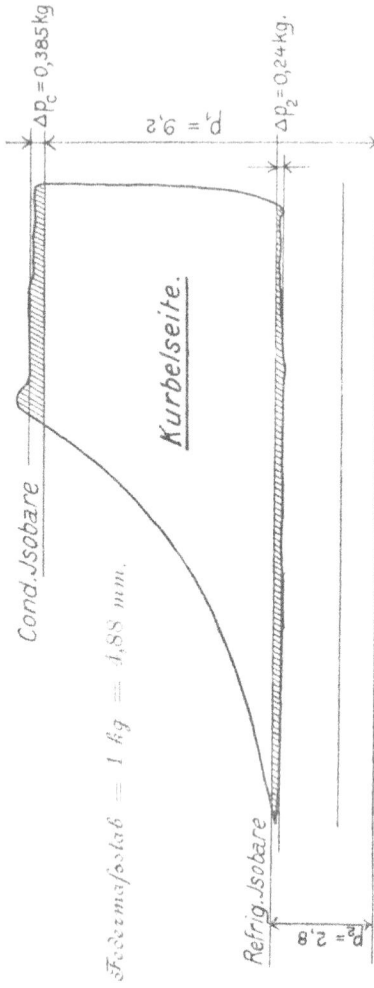

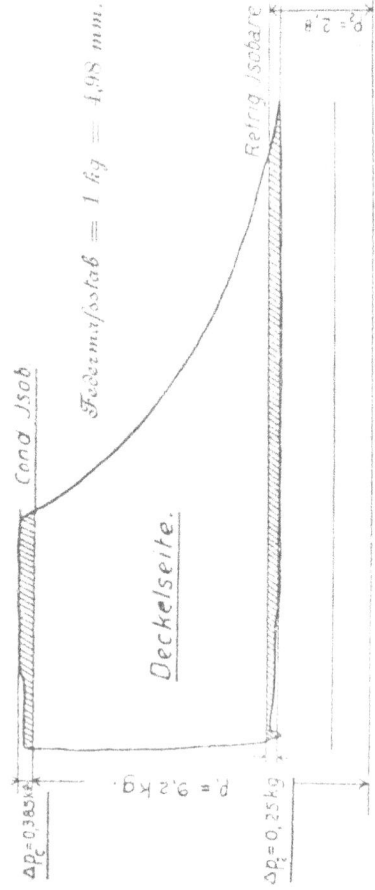

Fünfter Abschnitt.

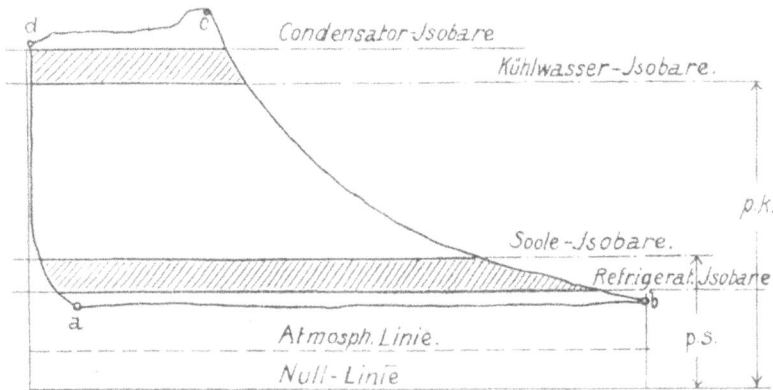

Fig. 7.

Einfluſs und Wirksamkeit der Kühlflächen.

Zeichnet man in das Diagramm die Isobaren ein, welche den gegebenen, äuſsersten Sole- und Kühlwasser-temperaturen entsprechen, und bezeichnet die zugehörigen Drücke mit p_s und p_k, so erhält man die idealen Druck- bezw. Temperaturgrenzen des Kreisprozesses, welche sich jedoch nur bei unendlich groſsen Kühlflächen der Apparate einhalten lieſsen.

Die endliche Gröſse derselben erfordert aber für den Wärmeaustausch bestimmte Temperaturgefälle zwischen den mittleren Temperaturen der Sole und des Kühlwassers einerseits und derjenigen des Kälte-mediums anderseits.

Nachfolgenden Untersuchungen über die Natur
dieses Wärmeaustausches sollen normale Konstruktionen
des Refrigerators und des Kondensators zu Grunde gelegt werden, wie sie in dem »Schröterschen« Versuchsbericht beschrieben und dargestellt sind.

Ohne die Wirkung des Rührwerkes läge ein Gegen-
strom zwischen dem Kältemedium (Ammoniak) und der
Sole resp. dem Kühlwasser vor, bei welchem jedoch die
Temperatur des ersteren konstant ist. Die Abkühlung
der Sole beträgt in den seltensten Fällen mehr als
3^0 C; die Erwärmung des Kühlwassers meist ca. 8 bis
10^0 C. Durch die Wirkung des Rührwerkes jedoch
werden die Temperaturdifferenzen in den Apparaten
selbst noch beträchtlich verringert, so daſs hier mit den
arithmetischen Mitteln der Eintritts- und Austrittstem-
peraturen gerechnet werden darf, wobei der Wärmeübergang sich durch nachstehende bekannte Annäherungs-
formel ausdrücken läſst:

$$W = F \cdot k \cdot (t_a - t_m),$$

worin bebeutet:

F die gegebene äuſsere Kühlfläche des Refrigerators bezw. Kondensators,

k den Wärmeübergang pro 1 qm dieser Fläche in
   einer Stunde und pro 1^0 C der Temperaturdifferenz $t_a - t_m$,

t_a die Temperatur der gesättigten Ammoniakdämpfe,

t_m die mittlere Sole- resp. Kühlwassertemperatur,
   gleich dem arithmetischen Mittel aus den Temperaturen dicht vor dem Eintritt und nach dem
   Austritt.

Die Annahme, daſs die dem Eintritt zunächst ge-
legenen Wasserschichten tatsächlich auch die Eintritts-
temperatur aufweisen, ist allerdings nicht zutreffend;
im Kondensator sind sie höher, im Refrigerator niedriger, und zwar wachsen die Unterschiede mit der Intensität der Mischung durch das Rührwerk. Diese Ab-

weichungen in den Berechnungen zu berücksichtigen, ist nicht opportun, da stets die Eintritts- und Austritts- temperaturen gegeben sind. Für die empirische Be- rechnung und Verwertung der Wärmeleitungskoeffizienten ist die obige Annahme statthaft.

Man sieht, dafs die wichtigste Rolle der Wärme- leitungskoeffizient k spielt, weshalb zu untersuchen ist, von welchen Umständen die Gröfse dieses Koeffizienten abhängt und in welcher Weise er im voraus bestimmt werden kann.

Zur Erforschung dieser Abhängigkeit bieten wieder die Münchener Versuche geeignete Unterlagen, weshalb sie auch schon von verschiedenen Seiten zu diesem Zwecke benutzt wurden, so z. B. von Schöttler, Z. d. V. d. I. 1893, Lorenz, Z. f. d. g. K., 4. Jahrg. 1897, Hähnlein, Z. f. d. g. K., 1. Jahrg. und anderen.

Diese Bemühungen führten jedoch weder zu einem wissenschaftlich begründeten, noch praktisch verwert- baren Gesetze, so dafs man stets auf unzuverlässige Schätzungen von k angewiesen war. Dabei machte man aber meist den Fehler, dafs hierbei auf die Gröfse der zu übertragenden Wärmemengen keine Rücksicht ge- nommen, sondern k für ein und denselben Apparat als ein konstanter Wert vorausgesetzt wurde.

Es läfst sich aber aus folgenden Überlegungen die Unzulässigkeit dieser Annahme erkennen:

Mit der Kälteleistung vergröfsert sich das zirku- lierende Flüssigkeits- und Dampfgewicht, wodurch die Verteilung in die einzelnen Spiralen gleichmäfsiger wird. Ferner wächst mit derselben die Strömungsgeschwindig- keit (bei höherer Tourenzahl), die Dichtigkeit, die Tem- peraturdifferenz und die Intensität der Verdampfung resp. Kondensation. Man weifs, dafs diese Faktoren den Wärmeaustausch bedeutend beeinflussen.

Gewisse Beobachtungen in der Praxis drängten aufserdem den Verfasser zu der Annahme, dafs der

Wert von k für ein und denselben Apparat eine Funktion der Kälteleistung sein mufs, was nachfolgende Untersuchungen veranlafste.

Berechnet man das Verhältnis

$$\frac{\text{übertragene Wärmemenge}}{\text{Kühlfläche}},$$

so ist dieser Wert, welcher in der Folge »Beanspruchung der Kühlfläche« genannt werden möge, diejenige Wärmemenge, welche pro Stunde und 1 qm Kühlfläche transmittiert. Es wurde nun k als Funktion dieses Wertes graphisch dargestellt, indem man in ein Koordinatensystem die Beanspruchungen der Kühlfläche als Abszissen und die Werte von k als Ordinaten einzeichnete.

Aus den zehn Versuchsreihen der Tabelle IV des Schröterschen Berichtes durften jedoch nur diejenigen berücksichtigt werden, bei welchen die Veränderlichkeit der Beanspruchung der Kühlfläche des Refrigerators und Kondensators nur durch das Sinken der Soletemperatur, nicht aber durch andere Faktoren hervorgerufen wurde.

Insbesondere durfte die Zirkulationsgeschwindigkeit der Sole und des Kühlwassers in den Apparaten, welche hauptsächlich durch die Wirksamkeit des Rührwerkes bedingt und bekanntlich von grofsem Einflufs auf die Wärmetransmission ist, keine Veränderung erfahren. Für den Kondensator kam noch in Frage, dafs die Erwärmung des Kühlwassers für alle Versuche annähernd konstant ist, da sonst die Verwendung der oben gegebenen Näherungsformel für diesen Apparat nicht gerechtfertigt wäre; deshalb mufsten die Versuchsreihen V, IX und X ausgeschieden werden.

Auch für die übrigen Versuche kann ein vollkommen gesetzmäfsiger Verlauf der durch die Schnittpunkte der Abszissen und Ordinaten gelegten Kurven nicht erwartet werden, da immer noch nachgenannte Faktoren vorhanden sind, welche die Ergebnisse beeinflussen:

Im Kondensator ist es die veränderliche Füllung, welche mit der Verringerung der Kälteleistung, insbesondere bei trockenem Kompressorgange, wächst und die wirksame Kühlfläche verringert. Jedenfalls waren auch die Füllungen der Versuchsmaschinen von vornherein verschieden.

Wie in Abschnitt III schon erwähnt wurde, differieren die Temperaturdifferenzen zwischen Sole und Ammoniak im Refrigerator bei ausgeführten Maschinen bedeutend mit der Regulierung. Da nun dieselben schon an und für sich klein sind, ca. 3 bis 5° C, werden die Werte für k durch die Regulierung ebenfalls beträchtlich beeinflufst.

Ferner mufsten mit sinkender Kälteleistung auch die zirkulierenden Kühlwasser- und Solemengen sich verringern.

Am Schlusse dieses Abschnittes sind die für sämtliche Münchener Versuchsmaschinen berechneten Werte der Beanspruchungen der Kühlflächen $= \dfrac{W}{F}$ und der Wärmeleitungskoeffizienten k in den Tabellen VIII bis XV zusammengestellt und in den Figuren 8 bis 15 graphisch wiedergegeben.

Die Lage der Punkte auf sämtlichen Figuren 8 bis 15 läfst unzweideutig erkennen, dafs k für ein und dieselbe Kühlfläche niemals ein konstanter Wert ist, sondern mit abnehmender Beanspruchung ebenfalls abnimmt.

Die Versuche an der Linde-Maschine 1890, wobei ohne Überhitzung gearbeitet wurde, ergaben für die Kurven der k einen auffallend gesetzmäfsigen Verlauf, welche sich sowohl für Kondensator als auch für Refrigerator als Parabeln charakterisieren.

Diese Versuche sind für den vorliegenden Zweck auch die geeignetsten, da der oben erwähnte Einflufs der Regulierung sowohl, als auch der veränderlichen Füllung im Kondensator auf die Temperaturdifferenzen am geringsten war.

Aber auch durch die Punkte der übrigen Tafeln lassen sich Parabeln legen, welche die Abhängigkeit der k von der Beanspruchung mit guter Annäherung wieder-geben.

Es ergibt sich also für die Berechnung und Beur-teilung der Wirksamkeit der Kühlflächen der in Frage stehenden Apparate das empirische Gesetz:

$$k = \text{Konstans } \sqrt{\frac{W}{F}}$$

Die Größe der Konstanten ist abhängig von der Güte der Konstruktion der Apparate.

Die nachfolgende Zusammenstellung der Werte von k für die Münchener Versuchsmaschinen zeigt die be-trächtlichen Unterschiede derselben.

Maschinen	Refrigerator	Kondensator
Linde 1890	4,6	4,6
Linde 1893	6,8	5,4
Seyboth 1892	5,4	4,8
Nürnberg 1892 . . .	6,0	5,0
Mittelwerte	5,7	5,0

Die Mittelwerte sämtlicher Konstanten ergeben zur Berechnung von k die empirischen Formeln:

$$\text{Refrigerator } k = 5,7 \sqrt{\frac{W}{F}}$$

$$\text{Kondensator } k = 5,0 \sqrt{\frac{W}{F}}.$$

Nach neueren Versuchen des Verfassers können bei günstiger Wahl der Füllung für die Kondensatoren weit höhere Werte erzielt werden, für die Refrigeratoren jedoch nicht.

Es kann daher für beide Apparate zur Berechnung von k die gleiche Formel Verwendung finden, nämlich

$$k = 5,7 \sqrt{\frac{W}{F}}.$$

Die mittleren Temperaturdifferenzen zwischen Ammoniak und Sole im Refrigerator einerseits $= d_r$ und dem Kühlwasser anderseits $= d_c$ berechnen sich nun mit Hilfe dieser Relation für k aus folgender Formel:

$$d_r \text{ resp. } d_c = \frac{W}{k \cdot F} = \frac{1}{5,7}\sqrt{\frac{W}{F}} \doteq 0{,}18\sqrt{\frac{W}{F}}.$$

Aus diesen Untersuchungen wurde auf empirischem Wege ein ziemlich gesetzmäfsiges Verhalten der Wärmeübertragung in den Refrigeratoren und Kondensatoren der Kältemaschinen festgestellt, welches sich theoretisch folgendermafsen ausdrücken läfst.

Für die Gleichung der Parabel gilt:

$$k = \text{Konstans }\sqrt{\frac{W}{F}}$$
$$W = k \cdot F \cdot d$$

Es ist aber auch aus diesen beiden Gleichungen

$$W = \text{Konstans} \cdot F \cdot d^2.$$

$d \cdot \cdot$ bedeutet hierin die Temperaturdifferenz zwischen Kühlwasser und Sole einerseits und dem Kältemedium anderseits. Die erhaltene Formel sagt, dafs die von ein und demselben Apparat übertragene Wärmemenge proportional ist dem Quadrat der Temperaturdifferenz. Eine ähnliche, rechnerische Ableitung der Gröfse der Wärmeleitungskoeffizienten hat Hähnlein an Hand des Schröterschen Berichtes über die Münchener Versuche 1890 angestellt, wobei er zu dem analogen Resultat gelangt ist.

Auch an anderen Apparaten, bei welchen der Wärmeaustausch eine wichtige Rolle spielt, z. B. bei Dampfkesseln, Vorwärmern etc. wurde gefunden, dafs die Wärmeübertragung annähernd proportional ist dem Quadrat der Temperaturdifferenz.

Trotzdem scheint es dem Verfasser nicht statthaft, aus diesen empirischen Ergebnissen ein allgemein gültiges Gesetz für die Wärmetransmission herzuleiten, da sich dasselbe nicht wissenschaftlich begründen läfst, wenn man auf die verwickelten Vorgänge der Wärmeübertragung in den vorliegenden Apparaten näher eingeht.

Linde-Maschine 1890. Kondensator.
Tabelle VIII.

Kühlfläche		Einfache Fläche = 67,3 qm						
Soletemperaturen		$+6+8$	$-2-5$	$-10-13$	$-18-21$	$+6+3$	$-2-5$	$-18-21$
Versuchs-Nr.	Nr.	I.	II.	III.	IV.	VI.	VII.	VIII.
Kondensatorleistung	W_c	89 670	69 000	49 820	35 660	99 380	74 110	38 120
Kühlwassereintrittstemperatur	t_1	9,56	9,54	9,61	9,61	9,23	9,00	9,08
Kühlwasseraustrittstemperatur	t_2	19,76	19,63	19,84	19,72	19,68	19,62	19,81
Mittlere Kühlwassertemperatur	$\frac{t_1+t_2}{2}$	14,66	14,585	14,725	14,665	14,455	14,31	14,445
NH$_3$ Kondensatortemperatur	t_c	22,45	21,53	20,72	20,34	20,55	21,53	20,12
Mittlere Temperaturdifferenz	$d = t_c - \frac{t_1+t_2}{2}$	7,79	6,945	6,00	5,675	8,09	7,22	5,675
Beanspruch. pro 1 qm Kühlfl.	$\frac{W_c}{F}$	1333	1025	740	530	1477	1101	566
Wärmeleitungskoeffizient	k	171	148	123	93,5	182	152	100

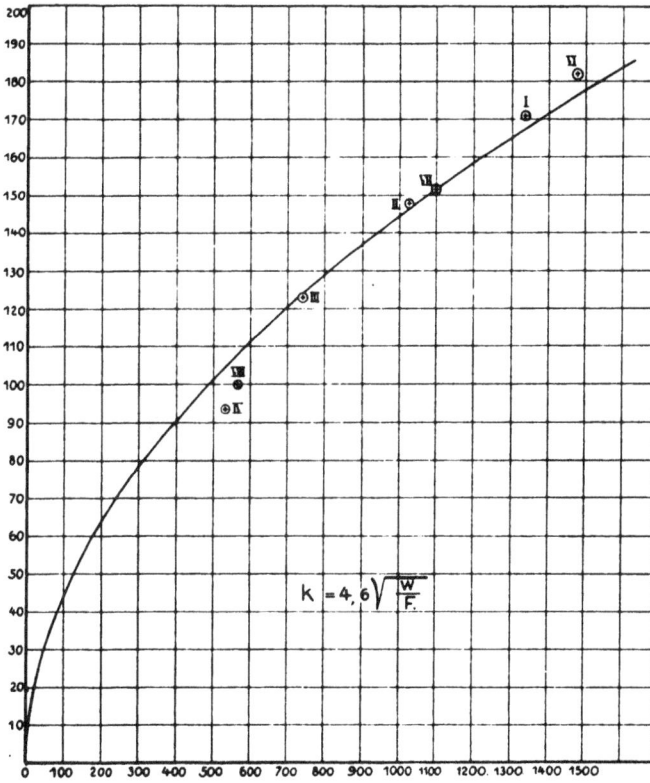

$$k = 4,6 \sqrt{\frac{W}{F.}}$$

Linde–Maschine 1890. Refrigerator.

Tabelle IX.

| Kühlfläche | Einfache Fläche = 71 qm | | | | Doppelte Fläche = 142 qm | | |
| Soletemperaturen | +6 +8 | -2 -5 | -10 -13 | -18 -21 | +6 +8 | -2 -5 | -18 -21 |
Versuchs-Nr.	I.	II.	III.	IV.	VI.	VII.	VIII.
Refrigeratorleistung . . . . W_e	78 140	58 110	39 780	26 860	88 980	64 390	29 520
Soleeintrittstemperatur . . . t_1	+ 6,00	− 2,02	− 9,99	− 17,92	+ 6,49	− 2,04	− 18,00
Soleaustrittstemperatur . . . t_2	+ 2,89	− 5,02	− 12,91	− 20,82	+ 2,91	− 5,01	− 20,93
Mittlere Soletemperatur . . . $\frac{t_1+t_2}{2}$	+ 4,445	− 3,52	− 11,45	− 19,37	+ 4,7	− 3,525	− 19,465
NH$_3$ Refrigeratortemperatur . t_r	− 2,91	− 9,77	− 17,43	− 24,3	− 0,76	− 8,085	− 22,805
Mittlere Temperaturdifferenz . $d_v = t_r - \frac{t_1+t_2}{2}$	7,355	6,25	5,98	4,93	5,46	4,51	3,37
Beanspruch. pro 1 qm Refrig.-Fl. $\frac{W_e}{F}$	1100	818	560	378	626	453	208
Wärmeleitungskoeffizient . . k	149,5	131	94	76,5	115	100	62

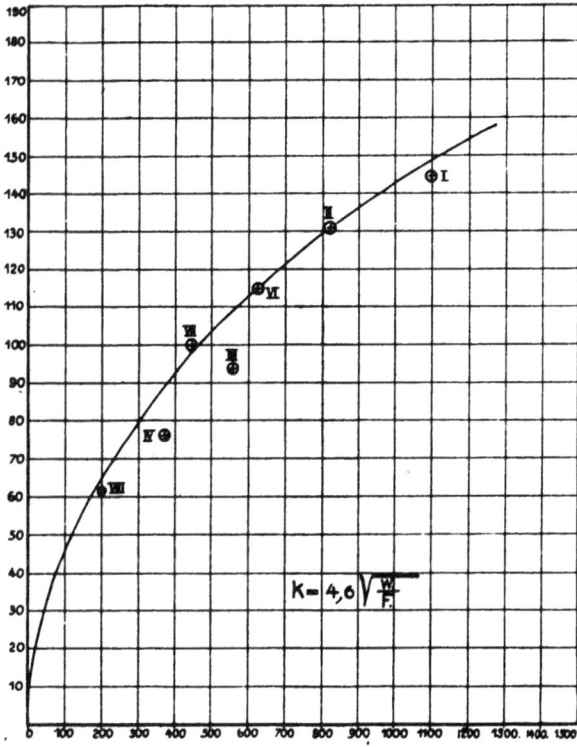

$$k = 4,6 \sqrt{\frac{W}{F}}$$

7

Linde-Maschine 1893. Kondensator.
Tabelle X.

Kühlfläche		Einfache Fläche			
Soletemperatur		$+6+3$	$-2-5$	$-10-18$	$-18-21$
Versuchs-	Nr	I.	II.	III.	IV.
Kondensatorleistung	W_c	95 345	75 953	54 128	40 049
Kühlwasser-Eintrittstemperatur . .	t_1 ° C	$+9{,}351$	$+9{,}709$	$+9{,}406$	$+9{,}489$
Kühlwasser-Austrittstemperatur . .	t_2 ° C	$+19{,}291$	20,007	19,601	19,593
Mittlere Kühlwassertemperatur . .	$\frac{t_1+t_2}{2}$	14,32	14,86	14,50	14,54
Kondensatordruck, absolut . . .	p_0	9,15	9,08	8,74	8,59
NH$_3$ Kondensatortemperatur . . .	t_c ° C	21,19	20,96	19,81	19,25
Mittlere Temperaturdifferenz . . .	$d=t_c-\dfrac{t_1+t_2}{2}$	6,87	6,10	5,3	4,71
Beanspruchung pro 1 qm K.-Fl. . .	$\frac{W_c}{F}$ Kal.	1416	1128	804	595
Wärmedurchgangskoeffizient . . .	k	206	185	152	126

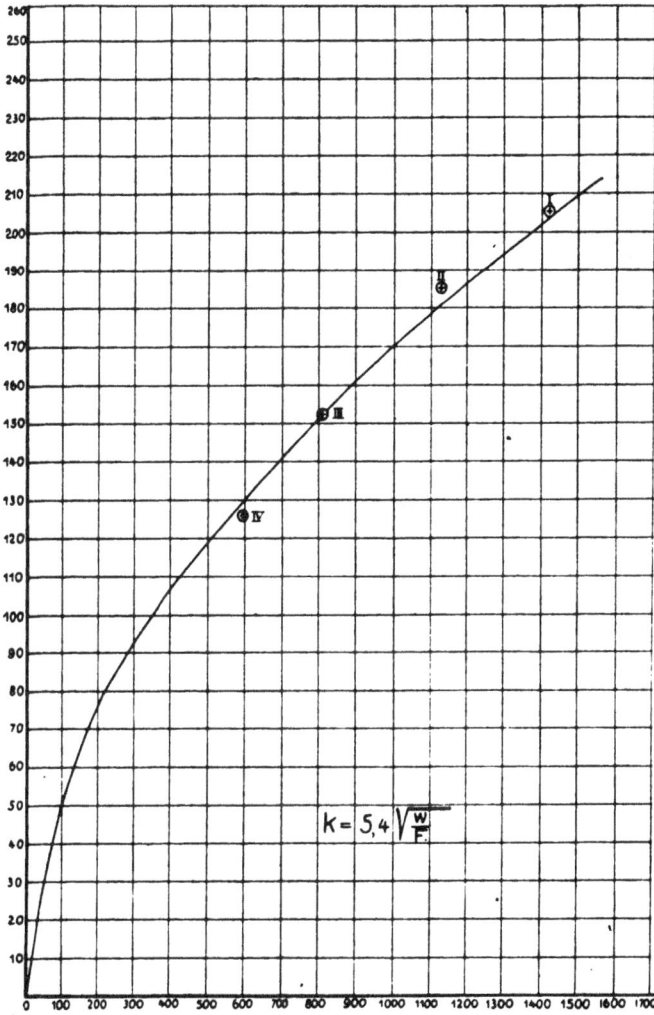

$$k = 5,4 \sqrt{\frac{w}{F}}$$

Linde-Maschine 1893. Refrigerator.

Tabelle XI.

Kühlfläche		Einfache Fläche				
Soletemperaturen		6 ‥ 3	−2 −5	−10 −18	−18 −21	−2 −5
Versuchs-	Nr.	I.	II.	III.	IV.	V.
Refrigeratorleistung	W_e	8642	66 515	43 539	30 611	55,511
Soleeintrittstemperatur	t_1	+6,219	−2,031	−10,026	−17,933	−2,083
Soleaustrittstemperatur	t_2	+2,808	−5,069	−12,905	−21,044	−4,960
Mittlere Soletemperatur	$\dfrac{t_1+t_2}{2}$	+4,513	−3,55	−11,466	−19,488	−3,52
Refrigerator-Manometerdruck . .	p_v	4,18	3,29	2,39	1,70	3,2
NH$_3$ Refrigeratortemperatur . .	t_v	−1,104	−7,2	−14,82	−22,57	−7,88
Mittlere Temperaturdifferenz . .	$d_v = t_v - \dfrac{t_1+t_2}{2}$	5,617	3,65	3,36	3,08	4,68
Beanspruchung pro 1 qm Refrig.-Fl.	$\dfrac{W_e}{F}$	1217	936	613	431	782
Wärmedurchgangskoeffizient . .	k	217	255	182	139	168

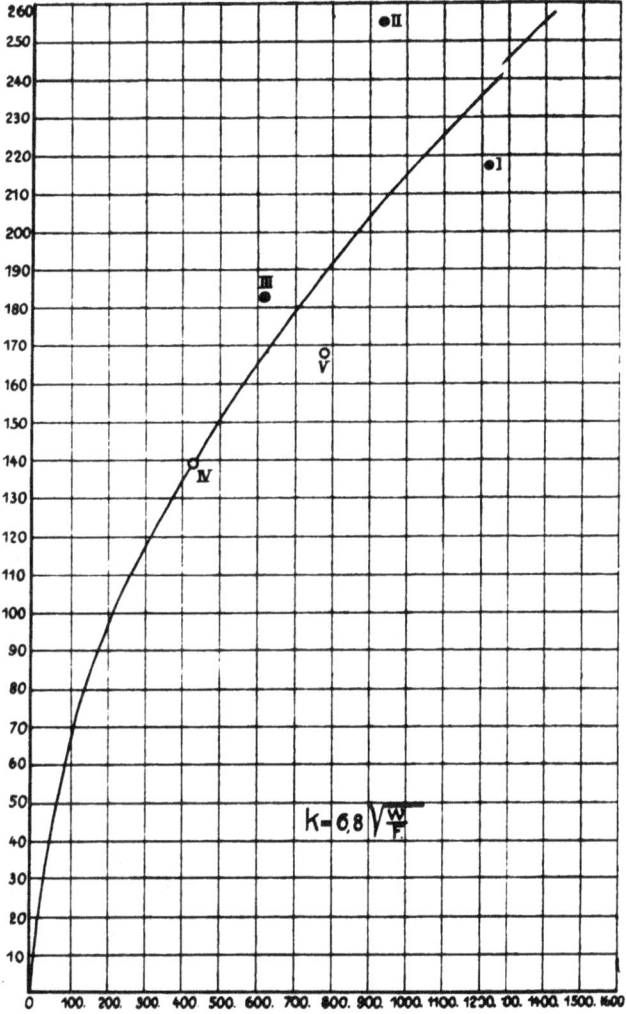

$$k = 0,8 \sqrt{\frac{W}{F}}$$

Nürnberger Maschine 1892. Refrigerator.

Tabelle XII.

Kühlfläche		Einfache Fläche 75,88				Doppelte Fläche 150,94			
Soletemperaturen		+6 +3	-2 -5	10 -13	-18 -21	-2 -5	6 +8	-2 -5	-18 -21
Versuch	Nr.	I	II	III	IV	V	VI	VII	VIII
Refrigeratorleistung · · · ·	W_e	87 792	65 172	43 927	29 066	49 917	98 722	68 201	33 679
Soleeintrittstemperatur · · · ·	t_1	+6,244	-2,02	-9,933	-17,982	-2,009	+6,496	-2,026	-18,03
Soleaustrittstemperatur · · · ·	t_2	+2,808	-5,01	-12,916	-20,823	-5,002	+2,657	-5,038	-20,988
Mittlere Soletemperatur · · · ·	$\dfrac{t_1 + t_2}{2}$	+4,52	-3,51	-11,43	-19,405	-3,5	+4,58	-3,53	-19,50
NH₃ Refrigeratortemperatur · · · ·	t_v	-1,25	-8,7	-15,9	-23,8	-8,2	+0,35	-6,6	-23,0
Mittlere Temperaturdifferenz · ·	$t_v - \dfrac{t_1 + t_2}{2}$	5,77	4,2	4,5	4,5	4,7	4,23	3,1	3,5
Beanspruchung pro 1 qm Fläche · ·	$\dfrac{W_e}{F}$	1160	860	580	382	592	655	453	223
Wärmeleitungskoeffizient · · · ·	k	201	205	129	85	126	155	146	63,6

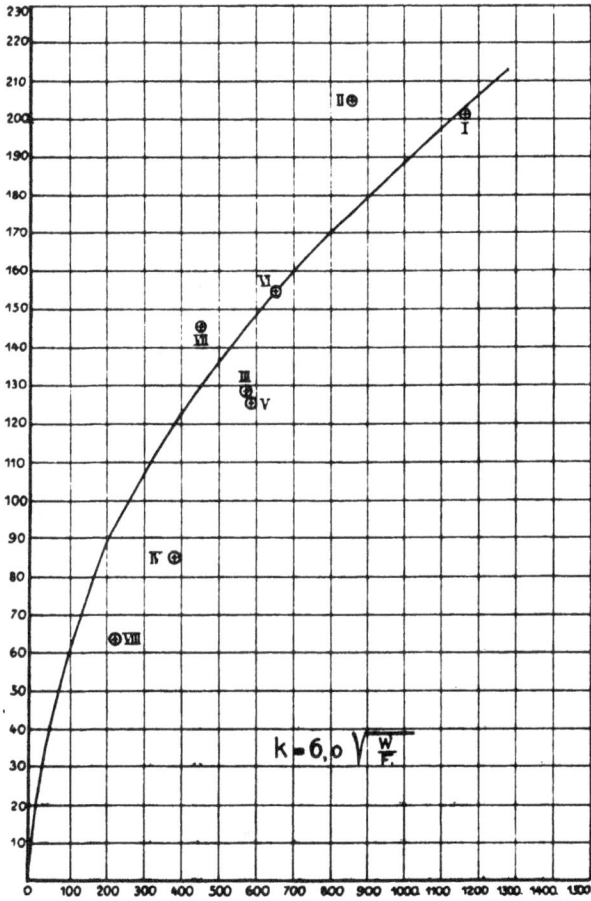

$$k = 6{,}0 \sqrt{\frac{W}{F}}$$

Seyboth-Maschine 1892. Kondensator.

Tabelle XIII.

Kühlfläche des Kondensators außen 76,56 qm

		Einfache Fläche				
Soletemperaturen		+ 6 ... 3	+ 6 + 3	- 2 - 5	- 10 - 13	- 18 ... 21
Versuch	Nr.	I	Ia	II	III	IV
Kondensatorleistung	W_c	94 567	91 331	68 991	51 257	33 734
Kühlwasser-Eintrittstemperatur	t_1	9,77	9,73	9,64	9,69	9,45
Kühlwasser-Austrittstemperatur	t_2	19,7	19,6	19,7	19,67	19,61
Mittlere Kühlwassertemperatur	$\frac{t_1 + t_2}{2}$	14,73	14,66	14,67	14,68	14,53
NH$_3$ Kondensatortemperatur	t_c	21,2	21,05	21,07	20,5	20,55
Mittlere Temperaturdifferenz	$t_c - \frac{t_1 + t_2}{2}$	6,5	6,4	6,4	5,8	6,0
Beanspruchung pro 1 qm Kühlfläche	$\frac{W_c}{F}$	1235	1192	900	670	440
Wärmeleitungskoeffizienten	k	190	186	140	115	73,4

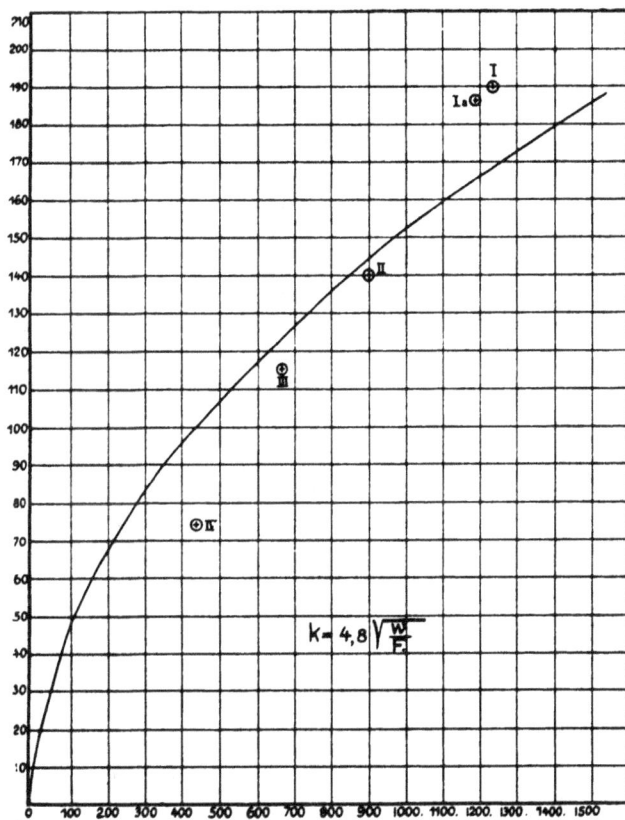

$$k = 4,8 \sqrt{\dfrac{w}{F_1}}$$

Seyboth-Maschine 1892. Refrigerator.

Tabelle XIV.

Kühlfläche aufsen = 79,7 qm

Soletemperaturen		Einfache Fläche					
		+6 +3	+6 +3	+2 −5	−10 −13	−18 −21	−2 −5
Versuch	Nr.	I	Ia	II	III	IV	V
Refrigeratorleistung	W_e	91 176	86 451	64 336	45 971	29 689	55 858
Soleeintrittstemperatur	t_1 °C	+6,15	+5,94	−1,99	−9,98	−17,92	−2,01
Soleaustrittstemperatur	t_2 °C	+3,01	+2,99	−5,00	−12,97	−20,89	−5,04
Mittlere Soletemperatur	$\frac{t_1+t_2}{2}$	4,58	4,46	−3,5	−11,48	−19,4	−3,52
NH$_3$ Refrigeratortemperatur	t_v °C	−1,8	−2,3	−9,1	−15,4	−22,6	−8,2
Mittlere Temperaturdifferenz	$t_v - \frac{t_1+t_2}{2}$	6,4	6,76	5,6	3,9	3,2	4,7
Beanspruchung pro 1 qm Verd.-Fläche	$\frac{W_e}{f'}$	1145	1080	808	576	372	700
Wärmedurchgangskoeffizient	k	179	160	144	147	116	149

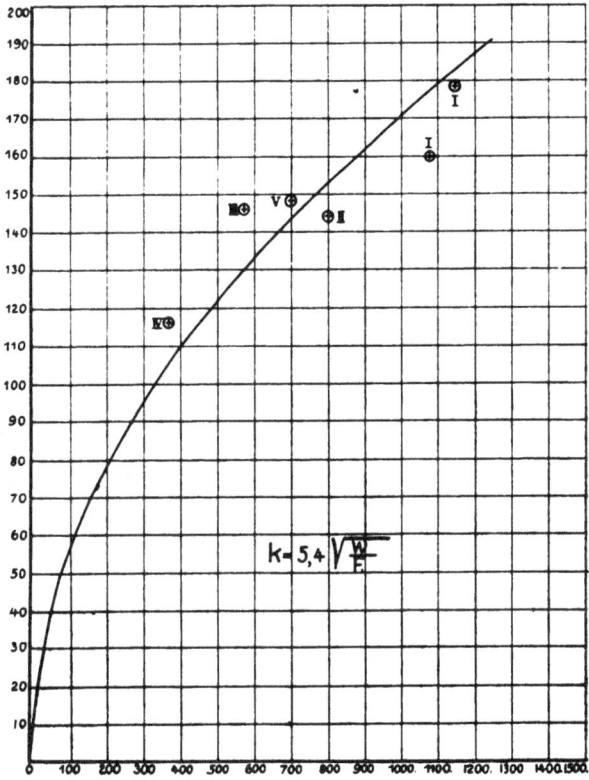

$$k = 5,4 \sqrt{\frac{W}{F}}$$

Nürnberger Maschine 1892. Kondensator.
Tabelle XV.

Kühlfläche = 72,86 qm

Versuch	Nr.	Einfache Fläche				Doppelte Fläche		
Soletemperaturen		+6 +3	-2 -5	10 -13	18 -21	+6 +3	-2 -5	18 -21
		I	II	III	IV	V	VI	VII
Kondensatorleistung	W_c	97 116	73 396	53 473	36 150	109 563	78 166	41 368
Kühlwasser-Eintrittstemperatur	t_1	9,885	9,842	10,088	10,044	10,047	10,072	10,103
Kühlwasser-Austrittstemperatur	t_2	19,840	19,743	19,795	19,793	19,992	19,833	19,889
Mittlere Kühlwassertemperatur	$\frac{t_1+t_2}{2}$	14,86	14,79	14,94	14,92	15,02	14,95	14,97
NH$_3$ Kondensatortemperatur	t_c	22	21,5	20,9	20,7	21,9	21	20,4
Mittlere Temperaturdifferenz	$t_c - \frac{t_1+t_2}{2}$	7,94	6,71	5,96	5,78	6,88	6,05	5,43
Beanspruchung pro 1 qm Kühlfläche	$\frac{W_c}{F}$	1330	1010	734	495	1500	1070	568
Wärmedurchgangskoeffizient	k	186	151	123	85,5	214	177	104

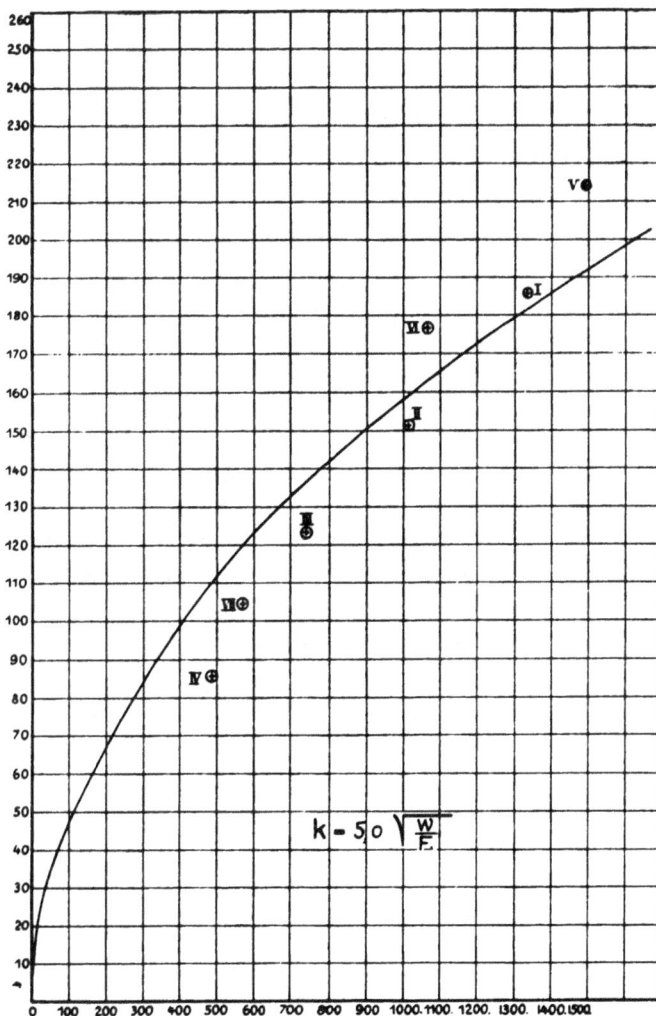

Sechster Abschnitt.

Nutzanwendungen.

Die Ergebnisse der vorliegenden Abhandlung gestatten nun die verschiedenartigsten Nutzanwendungen,
von welchen zunächst die Leistungsberechnung einer
ausgeführten Maschine bei gegebenen mittleren Salz-
wasser- und Kühlwassertemperaturen sowie Tourenzahl
gezeigt werden soll.

Unter diesen Voraussetzungen lassen sich, von den
mittleren Salzwasser- und Kühlwassertemperaturen aus-
gehend, zunächst die mittleren Temperaturdifferenzen
zwischen ihnen und dem Kältemedium im Refrigerator
resp. Kondensator berechnen.

Für erstere könnte zweckmäfsig die Bezeichnung
Refrigeratordifferenz $= d_r$ und für letztere
Kondensatordifferenz $= d_c$ eingeführt werden.

Im Abschnitt V ergaben sich für beide Apparate
der Wärmeleitungskoeffizient aus der Formel

$$k = 5{,}7 \sqrt{\frac{W}{F}}$$

und die Temperaturdifferenzen

$$d_r \text{ resp. } d_c = 0{,}18 \sqrt{\frac{W}{F}}.$$

Aus folgenden Berechnungen resultieren nun mit
Hilfe obiger Werte die Temperaturen des Mediums im
Refrigerator und Kondensator, welche mit

Refrigerator- und Kondensatortemperaturen treffend bezeichnet werden können.

Ist nach früherem, Abschnitt V,

die mittlere Soletemperatur $\quad = t_s$

die mittlere Kühlwassertemperatur $\quad = t_k$,

so ist die Refrigeratortemperatur $= t_s + d_r = t_2$

und die Kondensatortemperatur $= t_k + d_c = t_1$.

Zu t_2 und t_1 sind die entsprechenden Drücke p_2 und p_1 den Tabellen für gesättigte Ammoniakdämpfe zu entnehmen.

Um nun die obersten und untersten Drücke im Diagramm selbst zu erhalten, müssen die Ventil- und Leitungswiderstände nach den Formeln des Abschnittes IV annähernd bestimmt werden und zwar ist,

$$\varDelta p_2 = 125 \cdot \gamma_2 \cdot v^2$$
$$\varDelta p_c = 55 \cdot \gamma_c \cdot v^2$$

(zur Bestimmung von γ_c mufs $\varDelta p_c$ vorerst geschätzt werden; zu ca. 0,2 bis 0,5 kg/qcm, je nach der Gröfse der Kolbengeschwindigkeit und des Verlaufs der Leitung).

Die äufsersten Druckgrenzen des Arbeitsprozesses im Kompressorzylinder sind nun

$$p_a = p_2 - \varDelta p_2$$
$$p_c = p_1 + \varDelta p_c.$$

Mit diesen Werten berechnet sich nach Abschnitt II die indizierte Kälteleistung unter Annahme eines den Verhältnissen angepafsten volumetrischen Wirkungsgrades (Abschnitt I)

$$W_i = 120 \cdot n \cdot \eta_v \cdot \frac{V_c}{v_a} \left(r_2 - \frac{1}{x_a} \cdot q \right)$$

oder annähernd

$$W_i = 36\,000 \cdot n \cdot \eta_v \cdot \frac{V_c}{v_a}$$

(V_c in Liter und v_a in Liter; siehe Tabelle IV Seite 45).

Die Ermittelung der effektiven Kälteleistung, für welche zweckmäfsig der Ausdruck »Refrigeratorleistung« eingeführt würde, erfordert die Wahl eines passenden, indizierten Wirkungsgrades η_i nach Abschnitt III, womit die Refrigeratorleistung $= W_e = \eta_i \cdot W_i$ wird.

Man kann auch, wenn η_i und η_v für die einzelnen Maschinentypen durch Versuche oder Erfahrungen bekannt sind, die Refrigeratorleistung direkt berechnen aus der Formel:

$$W_e = 36\,000 \cdot \left(\underline{\eta_i \cdot \eta_v}\right) \cdot n \frac{V_c}{v_a}.$$

Nach Abschnitt II kann mit ziemlicher Zuverlässigkeit für die ermittelten Druckgrenzen p_a und p_c die indizierte Arbeit berechnet werden aus der Formel:

$$N_i = 0{,}0018 \cdot n \cdot p_a \cdot V_c \underbrace{\left[\left(\frac{p_c}{p_a}\right)^{0,242} - 1\right]}_{a}$$

(p_a in kg/qm, p_c in kg/qm; V_c in cbm, a nach Tabelle V, Seite 48).

So erhält man für jede gegebene Maschinentype für beliebig gewählte Salzwasser- und Kühlwassertemperaturen oder Refrigerator- und Kondensatortemperaturen die üblichen Garantiezahlen für die Leistung derselben, welche bei normal arbeitenden Maschinen sich jederzeit nachweisen lassen müssen.

Auch die Berechnung der Hauptdimensionen neuer Maschinen für bestimmte Leistungen unter gegebenen Temperaturverhältnissen ist in analoger Weise leicht durchzuführen; insbesondere aber eignen sich die Methoden dieser Abhandlung zur Prüfung der Versuchsergebnisse ausgeführter Kühlanlagen und insbesondere zur Kontrolle der Güte und Wirksamkeit der einzelnen Bestandeile, resp. zur Auffindung von Fehlern und Störungen.

Hat man die wirkliche Kälteleistung ermittelt und liegt gleichzeitig ein zugehöriges mittleres Diagramm der Maschine vor, so kann der indizierte Wirkungsgrad berechnet und als Kriterium benutzt werden für die Güte und Ausführung des Kompressors, die richtigen Funktion seiner inneren Organe, die Qualität d er Füllung und die richtige Regulierung des Kompressorganges;

durch Einzeichnen der trockenen Adiabate in das Diagramm erhält man über die Dichtheit von Ventil und Kolben und über den Kompressorgang weiteren Aufschluſs.

Die aus den Diagrammen mit Hilfe der abgelesenen Manometerdrücke sich ergebenden Ventil- und Leitungswiderstände können durch die Formeln des Abschnittes IV kontrolliert und beurteilt werden, wobei sich Störungen des Ventilspieles und auſsergewöhnliche Widerstände in den Leitungen bemerkbar machen würden; endlich läſst sich durch die nach Abschnitt V berechneten Werte von k die Wirksamkeit der Refrigerator- und Kondensator-Kühlflächen kontrollieren.

Die Formeln für Kälteleistung, indizierte Arbeit, Ventilwiderstände und Temperaturdifferenzen in den Apparaten gestatten nach Ansicht des Verfassers ferner noch präzise Umrechnung von Versuchsergebnissen ausgeführter Kühlmaschinen auf andere Temperaturen des Kühlwassers und des Salzwassers, andere Kühlwassermengen, andere Kälteleistungen oder Tourenzahlen, als sie beim Versuch selbst sich ergeben hatten.

Für diese Umrechnungen wurden bisher meist aus der allgemeinen Theorie abgeleitete Formeln benutzt, welche insbesondere die gleichzeitige Änderung der Ventilwiderstände und der Temperaturdifferenzen in den Apparaten nicht berücksichtigen.

Der Verfasser erlaubt sich noch am Schlusse besonders zu betonen, daſs die Ergebnisse dieser Abhandlung zunächst nur auf die Ammoniak - Kaltdampfmaschinen von der normalen Konstruktion, wie sie dem Münchener Versuche zu Grunde lag, beschränkt wurde. Es hätte zu weit geführt, auch auf die hiervon abweichenden Typen der Refrigeratoren und Kondensatoren einzugehen. Die abgeleiteten, allgemeinen Formeln sind wahrscheinlich auch hierfür gültig, nicht aber deren Koeffizienten.

www.ingramcontent.com/pod-product-compliance
Lightning Source LLC
Chambersburg PA
CBHW081229190326
41458CB00016B/5729